吴红旗◎著

猕猴，

我的伙伴们！

Macaques, My Friends!

東方出版社

　　猕猴（**Macaca mulatta**）又名恒河猴、广西猴，属于灵长类动物，也是我国的二级保护动物。

　　1985 年 10 月，中国科学院原上海生理研究所和浙江省杭州市淳安县林业局千岛湖林场合作，利用千岛湖独特的生态环境，在云蒙列岛上，建立了千岛湖猴岛。于是，猕猴就成了我工作中的朋友和伙伴。

　　随着时间的流逝，我对猕猴社会有了深入了解，它们的生活让我感动，也让我震惊！我心里也越来越感到沉重。猕猴有爱有恨，有失去"亲人"的痛苦；也有对生活中遭遇的不幸而表现出的坚毅和忧伤……当它们阴郁的眼睛久久凝视着我的时候，我知道它们想要什么，我却不能为它们做点什么；当一个个熟悉和鲜活的生命在我眼前消失的时候，我感到太多的痛苦和无奈。与其说我热爱这项工作，不如说我已经背负起使命和责任感，我很想为它们做点什么，向人们讲述它们的生活，它们的痛苦和忧伤，以及它们许多不为人知的一面……

当今社会不缺乏各领域里的专家，但缺乏对大自然孜孜不倦地探求、富有情怀的学者；在浩瀚的书海中，具有真知灼见的野生动物科普书籍很少。一些教科书里的定义也是以讹传讹，有误导之嫌，不利于青少年的教育和开阔视野。社会在进步，科技在发展，人类已经在向太空探求生命，我们对生活在同一星球的生命又能了解多少呢？

仰望星空，看看人类以外的世界，我们或许会多一点反思，多一点对大自然的悲悯，让浮躁的心灵平静下来，保护大自然，保护野生动物。青山绿水是我们共同的家园。

我能够从事这项工作，并将这本书写出来，首先要感谢中国科学院原上海生理研究所的王庆炜教授，他是千岛湖猴岛的创始人，也是我人生的导师。我之所以能将这项工作坚持下来，与王教授对我的引导和激励是分不开的！王教授为创建猴岛这项事业倾注了很多的心血。他在为猴岛选址、对当地的气象条件与植被调查，以及探索种猴的来源方面都作出了巨大的贡献。1985年，国内还在实行供给制，为了饲养好检疫中的猴子，他拿出自家的粮票，来补充猕猴的口粮。

那时，淳安千岛湖交通闭塞，只有一条通往杭州的盘山公路，道路极其险峻。从杭州乘车至千岛湖镇（原名排岭镇）需要10多个小时。从上海到淳安千岛湖镇，要两天的时间，交通极为不便。辗转乘车，路途极为辛劳。他一年从上海至淳安千岛湖往返达十多次。我的驻地条件十分艰苦，但是他来到千岛湖后与我同吃同住，热心地指导我如何去观察猕猴社会和写观察记录。

王教授在生活上也对我关怀备至，一年冬天，我的小船的马达坏了，那时，千岛湖上来往的船舶很少，天空中飘着雪花，能见度也差。加上我一个人从事工作，也无通信工具，无人知晓我的处境，我又冷又饥，在岛上滞留了两天，最后，是木检站的一艘船把我救了下来。王教授得知此事后，从上海过来看我，还带来几只信鸽。

为落实我的户籍和工作问题，他一次次为我奔走，向当地政府提出申请，在省林业厅周兆良处长的关心下，我的编制问题得以解决。王教授为我做的一点一滴都铭刻在我的脑海中，成为我工作中的动力。2015 年，王庆炜先生逝世，我十分难过。

原千岛湖林场场长陈志庆先生，也是猴岛创始人之一。他为人坦诚，作风优良，具有远见卓识。他很好地将这一科研项目借鉴和运用到调整企业产业结构和生产经营当中，先后在林场管辖的岛屿上引进和建立起猴岛、蛇岛、鹿岛，开创了千岛湖动物景点旅游之先河。使原来单一经营的企业，走上多种经营的道路。

感谢猴岛课题组的孙耀忠先生对我的关心和帮助，为猴岛的发展兢兢业业的工作。感谢现任林场场长许壮毅先生对我的大力支持和鼓励。本书的出版得到了人民出版社王新明编辑的耐心指导和帮助，对此我深表感谢！

我才疏学浅，写作水平有限，不能更为细腻地描述猕猴社会的生活，书中不足之处，还请读者多批评，多提宝贵意见。

吴红旗

2018 年 7 月 6 日

千岛湖云蒙列岛全景

一个筋斗斗云蒙，
群山蕴漾碧波中。
早知有个千岛湖，
何必当年闹天宫。

张香桐
1988 年
5 月 18 日

引　言

　　当你走近它们的世界，揭开它们神秘面纱的时候，你就会发现，其实，它们离我们很近，就像我们身边的你我他，它们就是人类的近亲——猕猴！

　　夜色还未褪去，喜欢早起的猴子，开始喧闹起来。无数个清晨，我就是在猕猴的喧闹中醒来；窗外，山水相间，绿色的丛林中，猴子们或栖息在树上，采撷花果，或三五成群地在地上嬉戏，年轻的小猴俏皮地将小脸贴附在窗棂上，向屋里窥探；我走在路边，猴子们夹道相迎，在猴群里走动，彼此已经习以为常，互不相扰。近30年的时间里，9000多个工作日，2000多个夜晚，从一个热血青年到满头白发，我都是与猴打交道，与猴为邻，与猴相伴，它们是我的亲密伙伴，就如同你身边的同事、朋友和邻居。它们令我魂牵梦绕，我无论是身处在繁华的闹市中、熙熙攘攘的人群里，还是一个人独处的时候，它们的身影总是浮现在我眼前，无论是已经逝去的还是生活在千岛湖上的猴子们，它们令我欢乐，也令我痛苦流泪……很多往事，随着时间的推移，在我脑海里烟消云散，猴子们的往事却留在我记忆的深处，不时在我脑海里浮现出来，我常常问自己：离开熟悉的猴子，我能做点什么呢？我相信这就是一种缘分。我的人生就跟这种缘分联结在一起。

　　我出生于1960年，成长在浙江西部一个小山村，我初中毕业后，就参加了生产队的劳动，1978年年底应征入伍。在服役期间，我曾迷恋过文学。1983年，我从部队复员回到家乡，改革开放如沐春风，乡镇企业如火如荼发展起来。我做过水库工地的采购员和木料加工厂的推销员。1985年，中国科学院上海生理研究所和浙江省杭州市淳安县林业局下属的千岛湖林场（原名排岭林场）合作，要在千岛湖（原名新安江水库）云蒙列岛上，建立猕猴自然放养基地。同年6月，我接受千岛湖林场派遣，到中国科学院原上海生理研究所动物房学习养猴技术。我怎样也未想到，我的人生会与猕猴结缘！在我未从事这项工作之前，只是在江湖艺人耍猴表演中见过这种可爱的动物。那时候，我很崇拜专家学者，想通过工作关系，学习到更多的东西，我觉得这会给我带来更广阔的前景。人生的道路有很多选择，扑朔迷离，让人迷茫。而选择的结果，可能就是我们称之为命运的东西。我选择了当一名猕猴饲养员，成为第一代农民工。

　　负责建立猕猴自然养殖基地的王庆炜教授对我的到来表示满意。后来，他向我谈起此事时说，他只要求有初中文化水平，但必须有事业心的年轻人才能从事这项工作，因为这样不会受到传统知识的束缚。这也是从珍妮·古道尔的事迹中得到的启发。国际著名的动物学家珍妮·古道尔初中毕业后，就孤身一人到非洲原始丛林里从事黑猩猩的野外观察工作。他通过对黑猩猩在自然环境里的生活的研究，进一步拓宽了人类了解黑猩猩的视野。

　　建立千岛湖猕猴自然养殖基地的设想早在1983年就由王教授提了出来。那年，王教授首次来到千岛湖游览，他被千岛湖优美的风光迷住了！这里良好的自然生态环境，碧水环绕，岛屿纵横交错、星罗棋布。王教授向生理研究所和淳安县政府提出建议：在千岛湖湖区内的岛屿上建立野外猕猴自然繁殖基地。王教授认为，国外已经开展了这方面的研究工作，如美国有圣地亚哥猕猴养殖场、加勒比灵长类研究中心等，这些研究机构被誉为掌握猴社会行为最丰富的研究机构；而国内还缺乏这方面的研究。千岛湖具有得天独厚的地理位置和良好的自然生态环境，将猕猴放养在岛屿上，种群之间在不同的岛屿上生活，以岛屿划分出各自的生存领地，水上代替陆地交流形式，模拟猕猴在自然环境下的生态习性。实际上，是浓缩了在大自然中，猕猴社会生态习性应有的功能，具有较为健全的猕猴社会生态机制。这可以为人类认识猕猴社会，找到一条捷径，也可以为科学实验提供实验用猴。

千岛湖林场原场长陈志庆先生，是一位有知识和有开拓精神的领导，他获此信息后，主动与中国科学院上海生理研究所洽谈合作事宜，并提供林场管辖的云蒙列岛，建立野外猕猴自然养殖基地。猴岛建立后，陈志庆场长受到启发，带领林场员工，又相继建立了蛇岛和梅花鹿岛。为一个经济效益不好的企业，注入了勃勃生机。一系列的动物景点也为千岛湖的旅游事业兴旺和发展带来了良好的契机。

我到上海生理研究所下辖的动物房学习，动物房就设在上海科学分院的大院内的一幢二层楼房中，二楼就是猕猴饲养区。我走进猕猴区，看见里面有一排五六个房间，每个房间靠墙两侧都摆放着小铁笼，每个小铁笼都关着一只猴子，中间留一条过道，外面的露台设有四个大铁笼，用于集体养猴子。动物房由钱松明老师主持。我到来这里之前，这里已经养了一些准备放养到千岛

我在小坑坞林区驻地放养猴子时的情形

湖的种猴，我们还要对它们进行放养前的检疫。我首次走进猴房里，铁笼里的猴子见到我这位陌生人，它们使劲地摇晃铁笼，发出刺耳的声响，还高声吼叫着。我从过道里走过去，笼里的猴子一个个从铁笼的格眼里伸出手来揪我的衣服、抓我的头发，我犹如置身在猛兽的围斗之中，我惊恐地退出猴房。资深饲养员张师傅告诉我说：猴子欺生，与它们熟悉了就好了。他要我保持镇定，猴子欺软怕硬。那以后，我便向张师傅学习，遇到猴子的威吓，尽量保持镇定。果然，猴子对我的到来也习以为常了。

检疫工作主要有种猴来源地、年龄、血象及心血管系统、种质和体质检定。我们对放养的种猴都进行编号，分永久性的脸部刺号和猴的脖子处挂编号牌，建立动物资料档案。

目　　录

前排：

左一　吴红旗

中间　张香桐院士

后排：

左一　猴岛创始人　王庆炜

左二　原生理所所长　杨雄里

右一　生理所猴岛课题组成员　孙耀忠

右三　原林场场长　陈志庆

1988 年，我们放养猴子时的情景

第一章　猴王是强势战胜弱势

到千岛湖安家

千岛湖，位于浙江省杭州市淳安县境内，因湖内拥有星罗棋布的 1078 个岛屿而得名。这里是我国于 1959 年建造的第一座自行设计、自制设备的大型水力发电站——新安江水力发电站。水力发电站拦坝蓄水形成的人工湖，总面积 982 平方公里，其中湖区面积 573 平方公里。又将烟波浩渺的湖泊分隔成了中、东、西、南、东北五个各具特色的湖区。湖中大小岛屿形态各异，群岛分布有疏有密、罗列有致。群集处形成众岛似连非连，湖面被分隔得宽窄不同、曲折多变、千姿百态，山重水复，港湾盘陀。湖湾幽深多姿，景色绚丽多彩，环境非常优美。千岛湖平均水深 34 米，最深处 108 米，碧波浩瀚、晶莹透澈，能见度达 7—9 米。绿色的岛，绿色的树，绿色的湖形成了国家级森林公园，被人们誉为绿色的千岛湖。

千岛湖地处亚热带中部，属亚热带季风气候区，冬季受北方高压控制，盛行西北风，以晴冷干燥天气为主，低温少雨；夏季受太平洋副热带高压控制，以东南风为主，高温湿热。气候温和湿润，四季分明。无霜期达 8—9 个月，年平均气温在 15℃—

17℃之间，年平均降水量1319.7毫米，春雨、梅雨、台风雨为主，七八月间有伏旱。其气候特征：四季分明，光照充足，热量丰富，雨量充沛，气温适中。

云蒙列岛，离千岛湖镇约7公里，位于千岛湖中心湖区，四面环水，离湖岸最近距离都在2000米以上，有大小十几个岛屿，总面积超过0.4平方公里。岛屿星罗棋布，翠林覆盖，远远望去宛如一串翡翠珠玑镶嵌在绿色的千岛湖上。据植物学家调查，云蒙列岛植物资源丰富，有197种64科，其中有119植物的根茎叶花果，可供猕猴食用。

1985年10月初，我结束动物房实习，回到千岛湖。为了便于工作，我将驻地设在小坑坞林区。小坑坞距离千岛湖镇12公里，在一个偏僻的港湾里，层峦叠嶂，丛林苍翠，沿一条小路走进小坑坞里，有几间破旧的土坯房，门前一片平地为晒场，是林场下辖的林区。房屋和设施非常简陋，也没有通电。房屋周围种植大片的果树，有梨树、柿子树、枇杷树、桔树、杏树、栗树……入秋时节，红彤彤的柿子、金黄的桔子挂满枝头，给寂静的山坞里增添了艳丽的色彩。这里人迹罕至，异常沉寂。站在小坑坞口，隔水相望的云蒙列岛，像横卧在水中的一道翠屏，湖光山色，星罗棋布。我独自静坐在湖边，当夜幕降临时，晚霞映照在波平如镜的湖面上，浩瀚的碧水像铺上了五彩的织锦，黝黑的岛屿矗立在绚丽的织锦上，幽幽地散发出神秘的气息。小船驶过江面，犁开了多彩的织锦，泛起五彩的波纹，荡漾着红里透金的涟漪，绚丽多彩，美妙极了。

1985年10月9日，首批放养的41只猕猴（35只雌猴6只雄猴）运抵千岛湖。第二天，41只猕猴被装上船，从千岛湖镇出发，乘船来到云蒙列岛。根据王教授提出的放养方案，将首批猕猴放养在云蒙列岛的主岛上，并分成十个放养点，环绕云蒙主岛分散放养。目的是让分散的猴子自由组合，让雄猴们公平竞争，最大限度地重现猕猴在自然环境下的原生态习性。

跟 踪 观 察

云蒙主岛是云蒙列岛的中心区域，面积约 0.15 平方公里，由两个岛屿组成：分南面岛屿和北面岛屿，有陆路相连，最高水位时才分成两个岛屿。两岛翠山延绵，港湾纵横交错。小船沿着南面岛屿往里延伸的一条港湾航行，群峰环绕，翠林掩映，形成岛中湖，环境十分幽静。在幽深的港湾深处，一幢低矮的小平房就坐落在山坳里，这是给猕猴栖息进食的猴房，王教授将此处称为"大本营"。

猕猴放养上岛后，王教授也搬到小坑坞居住，他留下来指导我的工作，观察放养的种猴在新的环境里如何生存和组群？在种猴检疫期间，王教授就将种猴的腹部分别染成红色和绿色，两队种猴分别命名为红队和绿队，并分别关养。我和王教授还有在林区工作受陈场长的指派临时来协助我们工作的小姚，三人开始跟踪观察放养的猴子。

金秋十月，树林里遍布橡子树，果实结满枝头，野柿子也红了，还有各种不知名的野果，有红的、绿的、金黄色的……夹杂在灌木丛中。秋天是收获时节，王教授之所以选择在这个时节放养猕猴，是在对自然环境和植被调查的基础上做出的科学选择。猕猴在自然环境里，能采撷到种类丰富的野果充饥，有利于猕猴在新环境中生存下来。

前两天的观察我们一无所获。因为在茂密的丛林中，人也能通行，于是我们请了几位施工人员，在云蒙主岛的山峰上开辟一条小路。13 日，根据王教授提议：猴子早晚要在林中觅食，活动比较频繁。于是，我们三人起了大早，驾着小船，沿着岛屿转悠，观察树林中是否有猴子的动静。

我们回驻地用过早餐之后，三人又一同登上猴岛，沿着新开辟的小路往北一路搜索。高大的松树林遮天蔽日，树影婆娑的灌木丛中，鸟儿在林中飞翔、吟唱。我们一边艰难地跋涉，一边向林中四处瞭望，查看路边的果实有没有被猴子吃过的痕迹。又不时地在林中静静地聆听，听是否有猴子发出的声响……因为我们在明处，猴子在暗处，这些精灵一样的猴子，犹如石沉大海，杳无音讯。经过一天的寻觅搜索后，我们在北面岛屿的峰顶上，发现猴子的粪便以及猴子活动留下的一些痕迹，它们将地上厚厚的一层腐叶堆成一座座小山，像是在地上寻找过食物。

14 日，我接到一个通知：千岛湖森林派出所从一位船工那里接收了一只猴子，是从猴岛带走的。我和王教授去了之后，看到了这只猴子，原来是编号为 33 号的雌猴，我叫它姗姗。它们在上海接受检疫期间，我就与它建立了深厚的友谊。我每次走进猴房，姗姗就从铁笼里向我伸出毛茸茸的小爪，我上前握握它的小爪，它就会在笼内蹦蹦跳跳"手舞足蹈"一番。原来，在放养猕猴的那天，我们乘船离去后，姗姗独自坐在湖畔，被过往的一位船工看到，他以为是驯猴人员丢弃的猴子，就驾船过去，用美食将姗姗诱上船来带了回去。这消息传到陈场长的耳朵里后，陈场长立即报告森林派出所将姗姗追回。

我和王教授把姗姗带回猴岛，给它松绑后，姗姗没有离去之意，它像小狗一样跟随在我们身边，与我们一起同行。当我们穿行于北面的一座山峰上时，我们不时停下脚步，静听树林中的响动。在寻觅猴的行踪时，一直静静地跟随在我们身边的姗姗，忽然竖耳聆听，发出啼声，隐蔽在周围树林里的猴子，立即对姗姗的啼声做出了回应，它们彼此之间进行了语言联络。这令我们欣喜不已，我们第一次听到来自林中猴子的声音。可是，姗姗金口不常开。为了引逗姗姗和它的同伴发出啼叫声，以此判断猴所在的位置，我们三人一边在树林里穿行，一边也"嗯嗯"地叫着。然而，我们粗大的嗓门，怎么也模仿不了猴子尖细的啼声。

我们一行来到6号放养点，姗姗敏捷地爬到一棵树上，扬眉怒目尖嘴鼓腮地吼叫起来，并频频回头看我们，似乎在向我们通风报信。我们顺着姗姗瞪眼怒视的方向抬头望去，发现几只猴子隐蔽在一处树丛中，它们表现得很惊恐，但又好奇地看着我们。这时候，我忙抓了一把玉米向它们撒去，想吸引它们前来进食。然而，我的举动却弄巧成拙，它们都惊恐地跑了。当我们要返回驻地时，姗姗也跟着一同跳上船来，与我们一道回到小坑坞驻地。

姗姗与我们一起同行，是我们队伍中的一员。每天我们吃过早饭，我提着一桶饲料要往岛上进发时，姗姗就率先沿着林区的一条蜿蜒小路奔跑，有时则在路上等候我们的到来，然后往停泊在港湾处的小船跑去，跳上船与我们一起回到岛上，开始一天的行程。王教授不习惯走山路，我们常常分成两个行动小组，由小姚驾船，王教授在船上用望远镜观察树林里有没有猴子活动的动静。我则带着姗姗，在树林中穿行搜索。我经常从姗姗不同的行为、姿势和叫声中获取信息，判断猴群的位置：当它发现附近有同类时，便神情肃然，两眼往树林里看，还吼叫起来。姗姗与我们为友，却很敌视它的同类；远处有猕猴的动静时，它神情专注、侧耳静听，嘴里发出啼声，猴子听到以后，以为是离散的同类，就向它发出悠长的联络信号。

听到猴子在林中活动的声音时，我就会循声前去，寻觅它们的行踪。然而，我来到目的地后，它们又如同幽灵一般杳无音信。跟踪观察非常困难，这令我感到沮丧。我坐下来休息时，姗姗就依偎在我身边，钻进我的怀里，我搂抱着姗姗，它眼睛会很温顺地看着我。我凝视它时，姗姗就像羞涩的姑娘，低下头去。每当我给姗姗揉毛发、搔痒时，它就会挽起我的裤管，捋理我腿上的汗毛，舔净我腿上的皮屑。

一天，我和姗姗穿行在树林里，在翻过一个个山坡后，在9号放养点，我看见对面裸露的湖岸线上有几只猴子在湖边喝水。它们看见我和姗姗在一起，并没有惊慌地逃窜，而是十分好奇地朝我这边张望。我和姗姗朝前走过去，在湖边喝水的猴子，便慢悠悠地回到树林里。我走到那片树林里坐了下来，并在身边撒下食物。不一会儿，躲在树林里的猴子爬上树，向我发出吼声。我装作若无其事的样子，把姗姗抱在怀里，还给姗姗梳理毛发，以此向它的伙伴表示：我很友好。姗姗善解人意，它挽起我的裤管，梳理我腿上的汗毛，舔净我腿上的皮屑，相互配合得非常默契……猴子见我和姗姗如此亲密友好，它们便放松戒备，纷纷围上前来捡吃食物。

姗 姗

　　一个星期后，王教授回了上海。他离开之前给我布置了一些
"作业"，如观察猴子的组群情况和数量、猴社会等级地位等；要
做到能接近它们，吹哨子建立条件反射，将猴吸引到大本营，让
它们到猴房里进食；还要求我每天记录观察日记。王教授认为：
生活在亚热带地区的猴子，能否在千岛湖安然过冬，事关这项科
研项目的成败，要我认真去做好这项工作。最后，他特别叮嘱：

不能将姗姗带回驻地，要让它留在岛上。

王教授走后，小姚也回到了原工作岗位，我开始独立从事这项工作。这项工作最让我难以忍受的是孤独寂寞：江面上的肃静，港湾中的深幽，丛林中的静谧，小坑坞驻地的僻静……登高远眺，千岛湖格外空旷寂寥，碧波荡漾的湖面上，很少看到往来的船只，我仿佛置身在静寂的世界里。姗姗是我工作中唯一的"伙伴"。它不时爬到我背上，骑在我肩膀上。我在树林里跟踪观察猴子，姗姗是我的向导，它的视觉和听觉比人类敏锐得多，当发现树林里有同类活动时，姗姗发出啼声并频频向我通风报信。如它看见同类，就表现出一副不友好的神情，向树林里吼叫，频频地看我，以引起我的注意；在远处有猴的动静时，姗姗便竖起耳朵静听，它的视觉和听觉比人类敏锐，当姗姗向同伴发出"嗯……"的联络语言，也不时得到同伴们的回应，我便会了解猴群的位置。姗姗与我一起行动，友好相处，也无疑让猴子减少了对人类的高度戒备，在树林活动的猴子会好奇地爬上树，看着我和姗姗。

因为姗姗要留在岛上，我看到它的同类在树林里出现，就驱赶身边的姗姗，让它回到同类中间去。姗姗却屡屡将我的举动误认为我在发号施令：是让它驱赶同伴。此时，姗姗就像一位斗士，吹胡子瞪眼，吼叫着冲向前去，扑向它的同类们，将接近身边的猴子驱逐出去。在驱逐同类的过程中，姗姗不时回头望望我，我向姗姗招手，意欲阻止它的行动。姗姗却会误认为我支持它的行动，更是大声吼叫着，非常威猛地追逐着逃离的猴子。当姗姗回到我身边时，还一副愤怒难平的样子，以示对我忠诚。由于我与姗姗在交流上存在障碍，从而演绎出不少误会，这都令我啼笑皆非。一次，我陪同一位学者来到猴岛，在工作中，当我拍拍这位学者的肩膀，要与他交流时，姗姗看到了，它认为我是在挑战对方，要为我"拔横"。姗姗猛扑过去将学者手中的包夺下，毛发耸立，怒目圆睁向对方大吼大叫着……后来知道是误会，才放下爪子上的包来。

我试图与姗姗分离，姗姗却没有离去之意。一天，我和往常一样，在树林里跟踪观察猴子。当我要返回驻地的时候，姗姗早早地跑上船等候我驾船离去。我拿起木棒要将姗姗驱逐下船。姗姗眼睛里充满疑惑地望着我，在船上左躲右闪不肯离去，我挥起木棒朝它打去时，它神情沮丧蜷缩在一个角落里，惶恐不安地抓住木棒，不停地发出哀啼声，目光惊恐地看着我，那无助的样子令我心疼不已。当它终于明白，它怎么哀求也不可能改变我的决心的时候，它站立起来，两眼怒视着我，大声地向我吼叫起来，像是在申斥一个背信弃义者。这时候，我对姗姗再也下不去手。我将它的前肢反剪着抓在手中。当小船驶离岸边时，我把它扔到湖岸上。我驾着小船离开后，姗姗沿着湖畔，朝着小船离去的方向，拼命追赶，直到被江水阻隔，才颓然地坐下来。

第二天，姗姗见我驾船由远而来，它望着我的小船，不停地在湖畔边徘徊，当小船靠近后，它就急不可待地跃上船来，像久别重逢一般。

因为姗姗与我亲密相处，违反了猕猴社会的戒律，我离开后，姗姗就会遭到猴子们的攻击和欺凌。一次，当我又将姗姗扔到岛上，驾船离去时，看到一群猴子从树林里窜出来，它们发出吼叫声，对姗姗实施攻击，姗姗仓皇地沿着湖岸逃跑，钻进了一片树林里，猴子们在树林里展开了搜索。目睹此景，我掉转船头，手里拿起竹篙挥舞起来，并大声地向那片树林里吆喝着，以此来震慑攻击姗姗的猴子，希望能帮助姗姗解除危机，祈求姗姗能平安……

遭遇群猴攻击后，姗姗去向不明。在姗姗失踪的日子里，我沿着林中的小路，从南到北满山坡地找，姗姗却杳无音信。10月底的一天，我回到猴房处要驾船返回驻地时，西岸延绵的山峰上，我听到有猴子打斗的声音，我忙登上山去，沿山顶的小路向西岸的山峰走去，我到了西岸的红枫顶，看见多只猴子从一片树林里窜过，我忙追逐过去，意外地遇见了姗姗，此时，姗姗像是要躲着我，或是要去追逐它的同伴，我从衣袋摸了一点食物给它，姗姗又同我亲近起来，跟随我在林中一起走动。我回到泊船处，上船要返回驻地时，姗姗就站立在船边，它像一个送行者，看着我驾船远离而去。

姗姗遭遇同伴的欺凌后，它也会伺机进行报复。一天，我驾船来到南面喂养点，姗姗就迫不及待地跑上船来，抱着饲料捅进食。大概是受到了美食的诱惑，这时候，躲在树林里观望的几只雌猴见姗姗在船上进食，就探头探脑地从树林里走出来。姗姗一看到它们，就怒不可遏地扑上前去，毛发耸立、身体贴地，又吼又叫着要与它们决战。原来姗姗被同伴欺侮，它把愤怒和不满埋在心里，等我到来给它撑腰，它要报仇雪恨。可是，我又狠心地把姗姗丢弃在岛上，我驾船驶离湖岸时，猴子们就向姗姗包围过去，对姗姗展开攻击。我每每看到姗姗仓皇地往树林里逃窜，躲避猴子们的群攻时，我便停船在江中不忍离去。为姗姗祈求平安！姗姗的处境也成为我心里的痛！

园 园

行踪诡秘的猴子们对人类充满戒心。我在猴房处的喂养点投下食物，引诱它们前来进食时，猴子们却躲藏在树林里按兵不动，在我离开以后，它们才到喂养点来进食。这样僵持的局面，一直持续了十多天，正当我一筹莫展之际，一只强壮的雄猴的出现打破了僵局。这只雄猴经常在我来到猴房时，像林中的幽灵一样，从树林里忽然窜出，爬到湖岸边高大的松树上，它抱着树干使劲摇晃树梢，将树摇晃得"沙沙"作响，作为"迎接"我到来的前奏。我到喂养点投放食物后回到小船上时，这只雄猴就从树林里窜出来，毛发耸立、尾巴高翘起来，如猛虎一般在喂养点上绕场奔跑和腾跃，尽现它的威猛和凶悍。它威风凛凛地站立在喂养点上，眼睛非常凶狠地怒视着我，吹胡子瞪眼、踢脚跺腿向我发出沉闷的吼叫声。显然，它是想通过严厉的姿态对我提出警告。我不能与它对视，不能走动和发出任何声响，要一动不动地坐在船上，否则，它就会毛发耸立起来，身体贴伏在地上，摆出姿态，向我飞扑而来。它的举动充满震慑力，也明确告诉我：它随时会与我打斗！

这只强壮的编号为 195 号的雄猴叫园园。我在上海动物房实习期间，就领教过它的厉害。

195 号雄猴有王者之相，王教授将它与 9 只雌猴关在一个大铁笼里，称为绿队。我每天要进大铁笼里打扫卫生，一次，我走进绿队居住的大笼舍里清理粪便时。园园独自坐在笼舍上端一根玩耍的铁杆上，高高在上、不怒自威。当我从铁杆下面穿过时，园园猛的给我一巴掌，敏捷之极。顿时，我脸上感到火辣辣的痛，它在我脸上留下几道鲜红爪印。我又气又急，就狠狠地瞪了它一眼，并拿起手中的扫帚，要狠狠地教训它一顿。园园凶猛异常，四肢紧贴在横杆上，龇牙咧嘴摆出一副要与我大动干戈的架势，我惹不起它，只能自认倒霉，退出了笼舍。

在千岛湖定居后，园园经常独自前来，它每次出现，都尽显它的威猛凶悍之气，毛发耸立，身体腾空而起，如猛虎下山一样，在喂养点和附近的陡坡上奔跑。令我胆战心惊的是：园园奔跑之际，它四肢不时向大石块踢蹬，将陡坡上的石块踢得滚落下来。一次，园园绕场奔跑几圈后，仍意犹未尽，它跳到一块大石头上，身体在石头上弹跳，用力踢蹬，松动的大石头突然呼啸而下，砸向水中，发出"嘭"的声响，溅起了很高的水花。这突如其来的危险举动，令我大惊失色，心有余悸！为了防止园园拿"滚石"作法，我只得清理了陡坡上的石块，消除了安全隐患。

园园向我示威警告之后，看我安分守己，它才安心地独自坐在喂养点上进食。躲在树丛中的雌猴在园园的带动下，经不住美食的诱惑，也开始蠢蠢欲动，它们不停地啼叫，又纷纷地钻出树丛到喂养点来。它们一个个像小偷一样，目光机警，贼溜溜地四处张望，抓一点食物就往树林里逃窜。园园很霸道，它向违规的雌猴凶猛地扑去，逮住就痛咬一顿，以示惩戒。园园武力处罚雌猴还别有一番深意：当受惩罚的雌猴发出惨叫狼狈逃窜时，园园就对我怒目而视，向我踢脚跺腿发出威吼，分明是"杀鸡儆猴"：你不安分守己，也会是一样的下场。

园园行走时，一条尾巴总是高高翘起来，龙骧虎步。它行为举止无不透着王者的风范。我一度认为园园就是统领猴群的至高无上的猴王！

灵 灵 的 出 现

这个块头不大，看上去并不起眼，编号为141号的雄猴，我给它取名叫灵灵。

灵灵的出现，让我对猴王的认识有些模糊起来，我开始怀疑

原来的判断。11 月初，因小船出现故障需要修理，我相隔两天后到猴岛投食。可能是猴子饥饿的原因，原本行动诡秘的猴子，见小船来到，都纷纷从树林里走了出来，等候在喂养点上，叫声也格外响亮和热闹，像是在催促我快点给它们喂食。我投完食回到小船上，饥饿的猴子不似往日那般躲躲藏藏，它们都争先恐后地来到喂养点上争抢食物。我在清点猴子数量时，忽然发现猴群中有一只陌生的雄猴。它站在猴房边缘的一处树丛下，机警地看着我。尔后，它走到猴房边的过道上，与聚集在这里的雌猴一起进食。这只雄猴没有一种高高在上的举动，尾巴也不翘，在进食时与雌猴紧挨在一起，颇显亲密友善，与园园的强势做派大相径庭。

这只新出现的雄猴，让我想起十多天前，我与猴群狭路相逢惊险的一幕。那是 10 月 23 日，我沿着湖边行走观察猕猴的行踪。在附近捕鱼的一位渔民告诉我，说他在那片岛屿上看到有一群猴子在打架。按渔民所指的方向，我沿着崎岖的小路往西面的岛屿走，翻山越岭，穿过一片片密林，来到一处低洼地，我猛然见到一只雄猴站在一处灌木下，与我相距只有几米，它神情惊恐地看着我。这只雄猴像是刚从一场激战中败退下来，脸和腿部有多处被撕咬的伤痕，毛发上留有血迹。它身材修长，很瘦弱，毛发蓬乱，脖圈上的编号牌已脱落。从它脸上有一条疤痕的体征，我认出它是 111 号雄猴。我从口袋里掏了一个苹果扔给它，想让它走近点。111 号雄猴没有捡起食物，却惊慌地走开了。它沿着小路走去，我小心翼翼地跟踪在它后面，当它爬上山顶的时候，前面的山坡上传来了猴子的啼叫声，111 号雄猴钻进了灌木丛中就不见了踪影。这也是猕猴放养之后，我唯一一次与 111 号雄猴的邂逅。

前方已经没有了路，我钻进茂密的丛林里继续前行，翻过一个个山坡，来到两峰接壤的低凹地带，我站在这片低凹地上，抬头望见前面的翠林里有一大群猴子在嬉戏打闹。它们一见到我就慌忙逃窜。而前面濒临江面，没有了退路。不一会儿，猴子们就重新回到这里。而湖水曾淹没过的低凹地光秃秃的一片，地形狭窄。我所在的地方正是它们通行的必经之地。

猴子们返回来之后，一个个扬眉怒目的朝我怒吼。有的爬上树梢，使劲地摇晃树枝，发出"沙沙"的声响，它们啼叫着、吵闹着……又轮番地跑向前来，身体贴伏在地上，跃跃欲试地向我叫阵，威胁我让开道路。机会难得，我故意不去理会猴子们的威慑，堵住它们的去路。被围困在孤岛的猴子，个个显露出急不可待的样子，纷纷钻出树丛，跑向低凹地，在我跟前大吼大叫。在一片喧哗声中，一只雄猴从树林里窜出来，它是 141 号雄猴。只见 141 号雄猴四肢紧贴在地上，毛发耸立，尾巴高翘起来，随着头部机械般的摆动，凶悍的充满杀气的眼睛像雷达似的，在我全身上下打量，四肢不时在地上踢蹬着，身体要腾跃起来一样。此时，一盘散沙似的猴群，立刻秩序井然地跟随在这只雄猴身后，高声吼叫着助威。当 141 号雄猴一步步向我逼近，距离只有两三米之时，猛然踏着小步一下蹿至我跟前，身体凌空飞跃起来，发出声嘶力竭的吼叫声，四肢如蜻蜓点水般，猛的往我身上拍打过来。我大惊失色，本能地往后退了一大截。一瞬间，猴群在我跟前已经消失得无影无踪。

灵灵的"金蝉脱壳"之计，给我留下很深的印象。偶露峥嵘的灵灵，一度销声匿迹，不见踪迹。

当灵灵在喂养点现身后，我开始频繁地看到它的身影，灵灵带有一种神秘的色彩，它身体没有园园强壮，没有那种特立独行的示威行为。然而，在灵灵身边总是有许多雌猴跟随，它们一起走动，相互理毛。当雌猴战战兢兢地来到喂养点上进食时，它就离开猴群，静静地站在小船停泊的湖岸边，目不转睛地瞪着我，眼睛在我身上上上下下打量，有时还诡异地在湖岸边来回走动，从不同的方位注视我的举动，对我进行严密的监视。当我发出响动惊吓到进食的猴子们时，灵灵就怒不可遏地从陡峭的湖岸上俯冲下来，摆出一副要与我决斗的样子，当雌猴们都安全地撤离到树林里时，它才从监视我的地方撤离。

在喂养点，灵灵夹在众雌猴当中，目不斜视地坐在猴房屋檐下靠近树林的一端，与雌猴一起用餐。园园形单影孤，独来独往；而灵灵身边猴多势众，只要它出入喂养点必是前呼后拥。灵灵在猴群中极有号召力，只要它做出一个看似不经意的动作，雌猴就会立即响应，如灵灵向我瞪一眼，或发出一声低沉的吼叫，雌猴就会纷纷效仿；当灵灵忽然神色一变，像发现敌情似的怒视前方时，雌猴就唯灵灵马首是瞻，向灵灵巡视的方向搜索，还愤然一副同仇敌忾的样子。总之，雌猴非常关注灵灵的行为举止。它们为灵灵的行为推波助澜，增强灵灵的威势。

相比较，园园越来越显现出处于一种弱势地位，如园园经常率先来到喂养点进食，而它只要看到灵灵的到来，园园就会离开平台，走到上山的小路上进食，要与灵灵保持距离。两只雄猴同在喂养点进食时，灵灵神情非常淡定，坐在地上专心致志地进食，对园园视而不见；而园园目光飘忽不定，带有惶恐的神色，不断地去仰视坐在平台上的灵灵，很关注灵灵的一举一动，坐立不安，很快就会离开喂养点。后来，园园看到成群结队的雌猴的到来，园园也会离开地理位置较好的进食点——猴房边的平台上，到低等级地位雌猴身边就餐。

我曾尝试着将食物投放在猴房里，让猴子到屋里进食。可是，猴的警惕性非常高，它们只将门边食物吃掉，屋内的食物一动也不动，不敢越雷池一步。我只好选择在猴房的外面投食，由于猴之间存在等级地位，食物投在一处，等级地位高的就占有食物，地位低的就不敢前去进食，所以，我要将食物分散性投放在屋檐下、门前、上山的小路上。猴群聚集到喂养点上就餐，在不同的位置进食，明显地反映出个体在猴群中的身份和地位。猴房屋檐下是一条水泥铺成的狭窄的平台，居高临下，视野开阔，能监视我的一举一动，整个喂养点也一览无余，优势位置很明显，这是地位较高的猴子聚集进食的地方。一些地位较低的猴子，在此处进食就属于违规，常被地位高的猴子赶下平台来。尤其靠近树林的一端，是等级地位高的猴子的首选，遇有外来威胁能快速地躲进树林里，有安全感。灵灵到喂养点上来就常坐在此处进食，我称其为"王座"。猴房门前及靠近门前的小路上，这里视野不开阔，逃跑要从猴房的屋后蹿到树林，位置欠佳，是中层猴子就餐之地。小路上离泊船的地方较近，我喂完食物就回到小船上，猴子们开始都望而却步，一时间那里成为它们的雷区。别无去处的猴子通过不断地试探，小路成了地位较低的猴子的进食点。园园总是到小路上就餐，显而易见，它已经被猴群边缘化了。

园园到小路上进餐时，它很霸道，经常驱逐前来进食的雌猴。被驱逐的雌猴开始很畏惧，逃之夭夭。慢慢地抗争性越来越

强，逃离之后，被驱的雌猴就向园园瞪眼，表示不服！猴群里
的情形也悄然发生变化，原来比较分散的猴群开始聚集得更加紧
密，也越来越团结。园园欺侮雌猴时，别的猴也来打抱不平，经
常三五成群围着园园吼叫，与园园僵持不下，表示对它的不满！
在雌猴的吵闹声中，灵灵站在高处的平台上，关注事态的发展，
它向园园瞪眼，发出低沉的威吼声，为雌猴们撑腰。在喂养点上
进食的猴子们也纷纷发出声援，园园成为众矢之的，陷入进退两
难的处境。

北 面 猴 群

北面的喂养点，就设在南面与北面山峰的接壤处，裸露的低
洼地，在水位较高时会被淹没，将云蒙主岛分隔成两个大岛。此
处的喂养点原是要将北面的猴子引下山来进食。因猴子有群居的
生活习性，它们前后都去聚集在猴房处进食，我在此处的喂养点
投下食物，因无猴光顾，我一度准备放弃此喂养点。此时，南面
进食的猴子，从分散性的集结到开始组合群体，一些雌猴隔三岔
五被排挤出去。被排挤出去的猴子不能在南面喂养点进食，所以
就到北面来。先是有两只雌猴来此处进食，以后又陆续增加到 7
只雌猴。姗姗因与人比较亲近，而为南面的猴群所不容，也被排
挤到北面的猴群里来。

这时候，园园也隔三岔五到北面来进食。我驾船到来时，在

远处就能看到园园，它常常独自站在喂养点上，像是在迎接我的到来，又像是在给我脸色看。当小船泊岸后，园园就耀武扬威地在喂养点上奔跑、跳跃，凶猛地扑向围过来的雌猴，逮住雌猴就将它痛咬一顿，当"吱吱"惨叫的雌猴逃离后，园园毛发耸立地站在高处，威严地怒视我，向我发出低沉的吼声。在北面的喂养点，园园是一副王者的做派。

到北面生活的猴子，我称为一帮乌合之众。它们相互之间不团结，不一起游玩，有的单独行动，有的两三只猴子一起行动，它们行踪不定：忽而分散回到南面的猴群里，在南面猴群边缘活

动；忽而又重新聚集到北面来。来此处进食的猴子，经常是三三
两两数量也不稳定，南面的猴群也常来侵占此处的喂养点。

　　园园经常出现在北面的猴群里，独自霸占喂养点，我一度认
为它会成为此地的猴王。然而，园园与北面生活的雌猴，貌合神
离。园园到喂养点来，雌猴小心翼翼地在喂养点边缘捡点食物，
并与园园保持距离，园园哪怕是做出一个轻微的动作，雌猴看见
后就快速地跑进树林里，对园园保持高度的戒备。雌猴们经常去
跟随南面的猴群一起行动，尾随着南面的猴群。当南面的猴群在
树林里栖息游玩时，它们就在树上观望，看着它们游玩。南面的
猴群在树林里走动，它们也跟着一起走动，回到南面的猴群里，
这种跟踪行动也成了它们每天主要的活动。当北面的雌猴试图靠
近南面的猴群时，就会被南面的雌猴们驱赶开来，它们向北面的
雌猴瞪眼，发出吼声，追逐北面的雌猴，对它们实施攻击，于是
这些跟踪者就从一棵棵松树上跳跃着跑开。当这样的冲突平息之
后，跟踪的雌猴又悄然前去，重新努力与南面的猴群建立友谊。
它们日复一日、锲而不舍地做着这种努力，力图要加入到南面的
猴群里。

　　猕猴的等级地位在不同场合都会发挥其应有的作用以显示自
己的优越性，占据有利的位置。北面的雌猴在尾随跟踪南面猴群
过程中，它们分为了三个行动小组：第一行动小组是 2 只雌猴，
显然处于优势地位，类似领头者。在跟踪过程中，它们都走在跟
踪者队伍的前面，最接近南面的猴群；在第一小组之后，又有 2
只雌猴组成第二行动小组，它们与第一行动小组保持一定的安全
距离；姗姗与另 2 只雌猴组成第三小组，每小组之间都相距一定
距离。当走在前面的第一小组成员遭遇南面猴群驱逐和攻击时，

它们便撤退下来，向尾随在后面第二小组的猴子出气，威吓和驱逐后面的猴子；第二小组的猴子一旦受气，它们就向第三行动小组的猴子发泄。上传下导式地报复性攻击，也将前方遇到的挫折和不利的信息传导下来，通知到每只猴子。

北面生活的雌猴跟踪南面猴群还要加入到南面的猴群中的行动看上去没有取得什么进展。一个多月后，尾随在后面的猴子，越来越显示出对这种行动的漫不经心。二、三小组的 5 只雌猴，首先放弃了这种努力，它们不再跟着前面的两只猴子一起行进，而是留在北面一起结伴玩耍，相互理毛，开始独立的生活。跟踪在前面的两只雌猴，又经过了一段时间的努力，它们也放弃了这种跟踪行动。原本处于强势地位的 2 只雌猴，它们却因为是后来者，开始遭遇到 5 只雌猴的排斥和驱逐，它们像追逐南面的猴群一样，跟踪在 5 只雌猴的后面，与 5 只雌猴建立友谊。经过一段时间的跟踪，2 只雌猴也加入到了北面的猴群里。

南面的猴群经常来侵占北面的喂养点，将北面生活的猴子逐出，北面的雌猴过着流浪的生活。在北面生活的雌猴与园园之间的关系越来越不和睦，它们像是在打拉锯战，此消彼长。当园园与北面的雌猴在北面领地上生活时，园园则高高在上称王称霸，独自霸占喂养点，驱逐前来进食的雌猴；一旦南面的猴群喧哗吵闹着，要侵入到北面来时，生活在北面的雌猴们听到吵嚷声，神情立即一变，它们对园园反戈一击，毛发耸立地扑向园园，在园园跟前大吼大叫，争先恐后地向园园发起攻击，将园园驱逐，它们要与园园划清界限。当南面的猴群到来之时，北面的雌猴表现出非常愤慨的样子，它们充当先锋和打手一样的角色，在树林里搜索和吼叫，摩拳擦掌，以实际行动示意南面的猴群园园逃跑的路线。它们向南面的猴群通风报信，也向猴群表明立场：园园也是它们的"敌人"！北面的雌猴为了野外生存的需要，它们很善于见风使舵，选择好的站队，避免自身遭受强势猴群的攻击。

园 园 死 亡

表面看起来，园园性情粗暴，经常武力惩罚雌猴，它是要以武力显示自己的强大，让其他猴畏惧，从而取得统治地位，占有雌猴。其实，雄猴向雌猴发起攻击，通常是因为雌猴对它不忠，或有冒犯它的行为和语言，譬如瞪视、低吼，在追逐时逃离它，

投向别的雄猴等。他们相互已经形成不友善的关系。雄猴的特性是，它对忠诚于自己的雌猴竭力去保护，对不属于自己的雌猴就排斥。

园园在北面被孤立后，它又频繁地出入南面的喂养点，隔三岔五就到南面的喂养点来。一次，我将饲料桶放在小路上，园园走过来抱着饲料桶，抓起桶里的玉米大把往嘴里塞，玉米粒也撒了一地。此时，几只雌猴前去捡地上的残羹剩饭，园园瞪眼拍打地吓唬它们离开，不让雌猴们靠近。几只雌猴不死心，频频前来捡食，园园猛地腾跃起来，后肢将饲料桶一踹，桶踢进水中。看到这一幕，雌猴们惊恐地逃走了。

园园总是我行我素，锋芒毕露。在南面的喂养点，灵灵居高临下地审视猴群，目光最后定格在园园这里，冲着园园吹胡子瞪眼、踢脚跺腿、扇耳朵，这时候，在平台上和小路上就餐的雌猴纷纷效仿，一起瞪眼发出威吼声，在"四面楚歌"声中，园园又一次次地匆匆离去。12 月 2 日，我目睹到了灵灵与园园的首次交锋：园园来到猴房边的小路上，它独自霸占一堆食物，有两只雌猴前来，在园园身边捡吃食物时，园园忽然向它们身边一扑，把前来进餐的两只雌猴吓跑。被惊吓到的两只雌猴逃离之后，又愤愤难平，站立在路边向园园大吼大叫，怒斥园园的无理。同在小路上就餐的几只雌猴，也前来打抱不平。5—6 只雌猴聚集在园园跟前，怒目相向，大声吵闹着，似乎要与园园争个高低。众怒难犯，就在园园进退两难之际，灵灵毛发耸立，突然从高处平台飞奔而来，势如猛虎下山，极其威猛。将聚集在园园身边吵闹的雌猴驱散，身体横挡在园园跟前，头微倾着，凶悍的眼睛里透着寒光，四肢一动不动，尖嘴边的胡须在耸动，毛发也耸立起来了……灵灵以这种透着杀机的姿势，横立在园园跟前。此时，同仇敌忾的雌猴纷纷跑向前来助威，群猴喧哗起来了。在灵灵的强势震慑下，园园无奈地装出一副无心恋战的态势，它"神情威武"地慢步离开了喂养点，走进了树丛中。

灵灵有勇有谋，它与园园之间的较量，就如同一场极高明的攻心战术。当园园又一次来到南面喂养点，到小路上来进餐时，灵灵站在高处的平台上，巡视着喂养点的猴子，不时瞪园园一眼，发出低沉的吼声。灵灵的吼声，有涟漪效应，聚集在灵灵身边的雌猴先行响应，继而猴房门前和小路上进食的雌猴，也纷纷响应，它们瞪着园园，向园园发出吼声。当众猴同仇敌忾时，灵灵又一次出击，从高处平台上以猛虎下山之势，杀气腾腾地横立在园园跟前，灵灵还是那样侧体的对决姿势，用令人胆寒的目光，斜视着园园，以静制动。前来助威的雌猴，群情激愤，在喂养点奔跑着、吵闹着，在灵灵与众猴的威慑下，园园又一次走进树林里。灵灵的举动，显然是要给园园点颜色瞧瞧，挫挫园园的锐气。

12月中旬的一天，我看到园园又一次来到南面的喂养点，在群猴的吼声中，园园情知不妙，未坐下来进食就转身离去。当它往一片树林里走去时，群猴忽然发出咆哮似的喧哗声，一哄而起向园园追逐过去……

第二天，我见园园负伤了，它左颊囊被咬出一个洞，吃进去的食物能从洞中漏出来，左爪第四指不能弯曲，且没有了往日那副威风的神情。它在喂养点上进食，神色很慌张的样子，眼睛不停地东张西望，匆匆地吃了一些食物就离开了。显然，园园是被打败了。此后，园园又多次出现在北面的喂养点上，在北面生活的雌猴对园园也越来越不友善，毛发耸立怒视园园，在园园跟前吼叫，要将园园驱逐出去，而园园则很惶恐似的，经常塞几把食物到颊囊里，就落荒而逃了。

一只雄猴被打败，不能简单地理解为体力上的战败、它的肉体如何遭受摧残等。而现实往往是这样一种情形：它的身体可能毫发未损，但已经丧失斗志，自甘示弱。形体上的表现为：消瘦，夹着尾巴，眼睛闪烁不定，脸上带着非常惊恐的神色。行为表现得非常敏感，有时像神经质一样，很胆小怕事的样子。为了获得食物，它们常常最早来到喂养点，狼吞虎咽一般吃饭。一次，我在猴房的屋檐下刚投下食物，紧跟而来的园园就在屋檐下就餐。这时候，灵灵忽然打破常规，独自来到喂养点上，它的神情很平和，对园园视而不见，自顾自地捡吃地上的食物。园园看到走来的灵灵，顿时一副丢魂失魄的样子，它将我拦阻在小路上，在我跟前大吼大叫着，眼睛不时瞟视身后的灵灵。灵灵不经意地往前走动一步，园园就心惊胆战似的，情绪激烈地向我紧逼而来，我连连后撤，给它让开道路，园园却毛发耸立地站在我跟前，不停地向我吼叫着，惶恐地瞟视身后的灵灵。在园园步步紧逼之下，我撤退到猴房边的一条小路上，旁边就是树林，此时，园园倏地跑进了树林里。在强敌面前，园园显然是把我当作挡箭牌，它退到安全之地再选择脱身。

1986 年 1 月 11 日，我来到猴房处的喂养点上，园园带着一只雌猴先从西面的山坡跑过来，紧跟在我身后。我刚在猴房屋檐边的平台上投下食物，灵灵与一群雌猴就从东面树林一起来到喂养点，我站在猴房边的小路上，园园见到灵灵与一群雌猴坐在屋檐下进食，神情很紧张地不停地看着灵灵。显然，园园饥饿难耐，它抓住我手中提着的饲料桶不放，从桶中直接抓着大把的玉米，狼吞虎咽地将食物塞进囊里，惶恐不安地看着坐地吃食的灵灵。我提着桶就往山下走，园园跑到猴房边，试图到那里吃点食物，但看到灵灵后，便神色慌张地跑下山来，拦阻在我的跟前大吼大叫着，它的意图显然是要阻止我往山下走，我对园园莫名的惶恐之状有些迷惑不解。这时候，一直不动声色的灵灵，忽然在平台上奔跑起来，将进食的雌猴都驱逐到猴房后面一片树林里，灵灵也一同跑进了树林里。喂养点上就留下园园，站在我面前的园园，此时神色大变，它十分惶恐地带着一只雌猴就往反方向跑去，我连忙爬上山顶要一探究竟。原来，灵灵统领猴群已经绕过山坡，从山背后包抄去拦截园园，当园园钻进树丛中，在山背后的猴群就传来了喧哗声，这显然是一次有预谋的围剿行动。园园及时识破了这一预谋，它侥幸地逃过此劫。

园园的处境险象环生，它陷入了一场空前危机中。1986年1月19日，是园园罹难的日子，这天，我在观察日记中写道："我驾船到南面的喂养点上（猴房处），园园从树丛中钻出来。它后肢已经瘫痪，靠着两条不能直立行走的前肢挪动了几步路，就从山坡上滚落下来，最后蠕动着身体才爬到我面前，紧抓住我手中盛玉米的桶不放。它遍体伤痕，右眼至额头露出骨头，皮肤大面积溃疡，右爪拇指脱落。它身体十分虚弱，已经奄奄一息。我将它抱回驻地救治，然而仍不治身亡，它来千岛湖仅三个多月。"

灵灵与园园之间的猴王之争尘埃落定。园园从一强者的面貌出现，到逐渐被猴群孤立，最后走向死亡。我将这个过程，概括为三个步骤：一、灵灵与雌猴建立友谊，形成团队；二、园园陷入孤立的境地；三、水到渠成，强势出击。在这场争斗中，灵灵表现得有勇有谋，循序渐进，就像进行一场有预谋的清算行动。

灵灵的示威行为

　　灵灵以它的智慧、勇气以及极具亲和力的行为，赢得了雌猴的青睐，用团队的力量共同战胜了身体强壮的园园，独自霸占了21只雌猴，占领了云蒙主岛这片领地。我至今都认为，它是我看到的表现最为出色的猴王。

　　雄猴的示威行为不仅能表现出这只雄猴的脾气禀性、精神状

态、在猴群中的威望，还能透露出这只雄猴的个性和能力、身份地位等。这是一只雄猴用行为表现的名片。

在园园死亡之后，行为较低调的灵灵，表现得又是另一番气势，尾巴高翘起来，龙骧虎步，威风凛凛，以一种高高在上的姿态出现。譬如它到喂养点来，通常先站在一处高坡上，目光威严地巡视猴群，向猴群瞪眼，还不时向我发出吼声；当猴子乱哄哄地来到喂养点进食时，灵灵就在屋檐下的平台上威严地巡视进餐的猴子，它不时朝猴子们吹胡子瞪眼，扇动两只耳朵，跺脚发出低沉的吼声，全然一副颐指气使的神态；猴群内部发生纷争时，灵灵就飞扑过去进行仲裁和处罚，履行猴王之责；当猴子们都安静下来埋头进食时，灵灵经常从就餐的地方，身体凌空腾跃起来，毛发耸立，极其威猛地往猴群里狂跑，横冲直撞，将聚集在喂养点上的雌猴都驱散跑到树林里；灵灵漫步在喂养点时，尾巴高翘起来，极威严地看视着逃进树林里的猴子，或飞奔过去，惩治违规者。灵灵这样的示威行为频频上演，时间延续半年之久。

猕猴的示威行为，通常都别有一番用意：敲山震虎、"杀鸡儆猴"等。譬如园园在喂养点奔跑示威，而最后将目光定格在我身上，向我吼叫，它是做给我看的，目的是对我起到震慑作用，同时也向它的同伴表示，它有能力保护猴群的安全。而灵灵奔跑示威之后，目光定格在那些受了惊吓逃窜的雌猴身上，因为它又有另一番用意：

它是向猴群宣示它至高无上的统治地位和王者身份！

我在观察中发现，猴王灵灵驱散雌猴之后，它极关注雌猴逃跑时的表现。当逃离而去的雌猴，只要回头瞪视灵灵，或发出低沉的吼声，灵灵就会追过去，对违规者进行处罚。它通过这种方式考察猴子们对它的忠诚度，借以排除异己，巩固它的统治地位。

在猕猴社会里，无论是雄猴还是雌猴向其他猴示威，都是属于一种不友好的挑衅行为。一只雄猴如入无猴之境，驱散聚集在一起的猴子，无外乎有两个原因：一、它是猴群里年轻的统治者，或者是身体强壮的雄猴；二、年轻的猴王对猴群往往抱有戒心，对统治地位不够自信，通过示威行为来考验雌猴们对它的忠诚度。雌猴们如果甘愿臣服于一只雄猴，认可它的权威性，雌猴就会包容它的所作所为，在逃离后噤声，不会出现对抗性瞪眼和吼叫，事后又聚集到统治者身边来；雄猴如果单凭武力去逞强，驱散猴群，受惊扰的雌猴逃离之后，它们就会表现出愤愤不平，向对方瞪眼低吼，对雄猴的所作所为表示不满和抗拒，雌猴们还会三五成群聚集起来，向惊扰它们的雄猴吼叫。灵灵的示威行为，让我看到一种令行禁止的景象：那些被灵灵驱散的雌猴悄然而去，它们在树林里也静悄悄地观望；当灵灵眼睛不再注视逃离的猴子时，雌猴就陆续地返回到喂养点，回到灵灵身边来。

灵灵在仲裁猴群纷争时，它通常用瞪眼、跺脚、扇耳朵来警告违规者，再严厉一些就会将违规者驱逐出去。一次，在喂养点上因个体之间争斗，忽然引发群体纷争，雌猴们纷纷卷入了这场争斗。它们分成两个阵营，在山坡上你来我往，喧哗吵闹，相互厮打，陷入激烈的争斗中。这时候，灵灵毛发耸立，如猛虎一般飞奔过去，在争斗的猴子中间来回狂奔，把两个帮派的猴子分开来，形成双方不能近身的局面，再将两边对峙的猴子驱散，对个别猴子进行惩治，平息了这场纷争，这显示出灵灵控制猴群内部纷争的能力。

　　我作为饲养员，每天给它们送去食物，猴子们对我高度戒备。我坐在小船上发出一点轻微的响动，或一个不经意的举动，它们就如惊弓之鸟，立即往树林里逃窜。一场虚惊之后，又愤愤不平地前来，向我兴师问罪，一个个吹胡子瞪眼，虎视眈眈地向我包围过来，意欲群起而攻之。一天，我投完食后回到小船就座，猴子见我离去，都纷纷来到喂养点上进食，我一不小心触碰到竹篙，竹篙一端往船舱里滑落，发出"咣当"的一声响，惊得就餐的猴子四散奔逃。这时，灵灵立即从屋檐下的平台上飞奔而来，它毛发耸立，身体匍匐在地上，我听得见灵灵如抽气般的呼吸声。它在湖岸上做出各种威吓的举动，四爪在地上抓起大把的沙石往后甩，摆出一副跃跃欲扑之势，它不时往前一蹿，似乎要向我扑跃而来，它的举动令我胆战心惊。尾随在灵灵身后的雌猴们吵闹着，在喂养点上往来奔跑着，摩拳擦掌，将我围困起来。

　　灵灵目光坚定、凶悍，又非常机警；它动作威猛，给人一种无往不胜的气势。我接触过无数的雄猴，灵灵的示威行为，是我印象中最具有震撼力的一种。一次，我在灵灵就餐的"王位"上摆放了几颗糖果，我站在那里，让灵灵到我身边来取，试图近距离接近猴王灵灵。在美食的诱惑之下，灵灵从树丛中钻出来，它开始向我摇头晃脑，吹胡子瞪眼，我站在原地不动，灵灵欲罢不能。僵持了很长时间，灵灵往树丛里走去，又突然转身猛然向我扑来，身体凌空往我身上一贴，声嘶力竭地吼叫起来，我猝不及防，大惊失色，往后退了一大截，雌猴们见灵灵把我击败了，它们高声吼叫着，迅速从四面包围过来，我惊惶而逃，猴子们像围堵猎物一般，前后堵截，我情急之下，捡起地上一块大石头，朝追逐而来的灵灵砸去，灵灵吓得倒退了一大步——我终于摆脱了猴子的围攻，但是也吓出了一身冷汗。

灵灵在猴群里极具权威，我在喂养点上抛出的几颗糖果，最后都成了灵灵的囊中之物。一次，一只编号为 26 号的雌猴禁不住美食的诱惑，迅速从树上跳下来，把地上的一颗糖捡去了，灵灵大怒，毛发耸立，凶猛地扑去惩罚馋嘴的雌猴。在灵灵的追逐之下，违规的雌猴惊慌失措，慌不择路地跳入了湖水中，灵灵站在湖岸上，怒视落水的 26 号雌猴，这时候，围观的雌猴也纷纷围到岸边，怒视落水者。当落水的雌猴试图爬上岸时，在岸边围观的雌猴就立即跑上前去拦截它，不让它爬上岸来。在群猴屡次围堵之下，落水雌猴只好舍近求远，游向了港湾的另一端，爬上岸来。我用同样的方式在别的猴群里抛糖果，猴子们则出现哄抢现象。

我到喂养点投食，外出游玩的猴子听到我的哨声后，啼叫不停，相互呼应，这是它们相约一同来进食的声音。这说明它们已经饥饿了，它们沿着裸露的湖畔边奔跑而来。我吹哨子，猴子没有回应，或叫声稀稀拉拉，这表明它们还不饥饿，不会马上来进食。这种信号反射，猴子能很快接受，但要控制好猴子的食物，只有它们想要进食的时候，才能随叫随到。没有哪一个驯养员能让失去欲望的猴子特别听话。

灵灵选择的交配对象，较集中在它身边的雌猴。我经常见灵灵在进食时，用手揽一下身边雌猴的尾部，看雌猴的臀部，与其交配。一些从灵灵身边经过的雌猴，也会吸引灵灵的注意，灵灵对其进行跟踪，被跟踪的雌猴就主动停下来，有礼节地向猴王求爱。等级地位低的雌猴与猴王亲近的机会就少，这些雌猴走到猴王身边，经常遭到高等级雌猴的排斥，它们很难进入到与猴王交往的圈子里。在发情期，它们通常守候在灵灵经过的地方，当灵灵接近时，它们会侧转身子翘尾巴露出臀部，向灵灵示爱。对低等地位雌猴的求爱，灵灵或与之交配，或采取安抚性的举动，如爬架、手抚、亲吻臀部，通过肌体接触安抚求爱者。

地位低的雌猴，往往胆量也小。一些在路上守候的雌猴，看到猴王灵灵走近了，就害怕地逃走了。这显然是不礼貌的行为，这时猴王灵灵就会追逐过去，对失礼的雌猴予以惩罚。灵灵惩罚雌猴显得比较温和，通常将它驱逐，或吹胡子瞪眼地予以警告，适可而止。在追逐中，当逃跑的雌猴频频回头挑逗灵灵，灵灵神情就会和缓下来，放慢脚步接近雌猴，用手触摸雌猴的身体，以示安抚。

雌猴大胆地接近猴王，与猴王亲密接触，有利于提高其身份地位。猴很善于利用权势挑衅身边的同伴，给同伴一个下马威。

灵灵统领的猴群里，我将雌猴的等级地位分为以下几个层次：

一、统治阶层：经常在猴王灵灵身边的雌猴，如编号为 8、15、17、35 号的雌猴。它们在猴群具有较高的权威，通常情况下，用语言或形体语言就能镇住对方，还能参与仲裁猴群内部纷争。它们行为比较沉稳，很少介入个体之间的打斗。在喂养点就餐的位置比较固定，别的雌猴到灵灵身边就餐，或爬上平台，它们就将新介入的雌猴逐出。

二、实力阶层：个性张扬、挑战性强，与同伴之间经常发生争斗，时常受到灵灵的打压，如编号为 14、27、32 号的雌猴，它们在喂养点上流动性比较大，屋檐下、小路上和道路口都常能看到它们的身影。就餐地点任意。在争斗中，它们常常以自身的实力取胜。见机行事，审时度势是它们的特点，如在灵灵身边，遇到同伴的挑衅，它们能保持克制，不轻易地出击和退缩；当灵灵离开后，就报复性地攻击对方，行动非常迅猛；灵灵闻讯而来时，它们已经逃离。它们在猴群表现得不够安分。

三、新贵阶层：喧哗好动、非常活跃，常常陷入各种打斗中。它们常常借助强势者的权势，挑衅和攻击对方，狐假虎威。在争斗时，高声喧哗、行动迟疑、左顾右盼，以期得到强势者出手相援。如在猴王跟前，它们神气活现；离开猴王的庇护，会经常遭到同伴报复性攻击。

四、平民猴：胆子较小，遇到别的猴威胁和挑衅时，它们行为表现得比较谦卑、退缩，躲避各种冲突，胆小怕事。在喂养点路口处进食。行动过程中，通常走在队伍的后面，比较边缘化。

第二章　猴社会风云变幻

和 平 共 处

北大岛位于云蒙列岛的最北端，山峦高耸，林木葱郁，面积约 0.1 平方公里。毗邻云蒙主岛，相距水面 1—200 米，是云蒙列岛中第二大岛屿。

猕猴放养上岛后，我基本摸清了云蒙主岛猴子的数量，我发现在云蒙主岛生活的猴子数量，与实际放养的不符。为了查明失踪猴子的去向，我扩大了搜索范围，对云蒙主岛毗邻的几个岛屿都进行了搜索，我发现北大岛与西弯岛都有猴觅食的痕迹，还留有猴子的粪便，显然猕猴是游泳过来的。

我每次来喂养点投食之后，回到小船上，编号为 215 号的雄猴就率先从树丛中走出来，站立在半山坡上，它不停地向我吹胡子瞪眼，发出吼叫声，充满戒备地监视着我的一举一动。我将小船驶离该岛后，担任警戒的雄猴就转身向身后的树林里啼叫几声，躲在树林里的雌猴立即就应声前来。两只猴子一见面就显示出非常亲热的样子，交头接耳，并肩走到喂养点。在进食过程中，两猴相互依偎，它们一边进食，一边像唠嗑似的啼叫不停，很恩爱的样子。

　　姗姗在云蒙主岛受到众猴的排斥和攻击，它的处境让我很担忧。这对恩爱夫妻的出现，令我想到流离失所的姗姗，就将姗姗带到西弯岛上，让它加入到这对恩爱的猴夫妇当中。然而，姗姗并不领情，第二天它就游水回到云蒙主岛。后来加入到 7 只雌猴寡居的行列里。1986 年 2 月初，生活在西弯岛上这对恩爱的猴夫妇忽然失踪了。而这两只猴非常恩爱的情形，给我留下了很深的印象。

　　游到北大岛上的猴子，也出现在我的视野里，它们是两雄四雌。两只雄猴编号分别是 2 号和 127 号。

　　编号为 2 号的猴子，我给它取名叫庸庸，它体形健壮，胖嘟嘟的样子，有美猴王之称。编号为 127 号的雄猴，我给它取名叫盼盼。它们在云蒙主岛落败，游水逃过来，称得上是难兄难弟。两只雄猴亲密无间。一次，我在喂养点投食后，就站在喂养点一旁等候它们前来进食，想接近它们。两只雄猴见我久久不离去，似乎忍无可忍，吹胡子瞪眼地从树林里走出来，气势汹汹地向我威逼过来，一副同仇敌忾之状。我不动声色地站在原地。两只猴子跃跃欲试，不时交流一下眼神，相互爬跨 (形同与雌猴交配状)，通过肢体接触，相互打气，要与我对峙到底。"打虎亲兄弟"，两只雄猴一起向我扑来，又一同进退，当我离开喂养点时，两只雄猴像庆贺大捷似的，爬跨、交颈、亲吻、嬉齿，一副欢欣的样子。

　　两只雄猴与四只雌猴之间也能和睦相处。在喂养点，它们相互紧挨在一起吃食，像唠嗑一样，你呼我应。它们的生活是安宁的，充满友好和谐。两只雄猴也分不出哪一只是猴王。然而，我从一些细节中看出，庸庸与盼盼之间也心存芥蒂，庸庸到喂养点来，它经常用眼睛瞪盼盼，当盼盼紧挨雌猴一起进餐时，庸庸就前去挤兑盼盼，将盼盼与雌猴分开。庸庸的这些举动，看似不经意，却别有一番用意。一天，盼盼先行来到喂养点进食，在盼盼身边围坐着 4 只雌猴。随后来到的庸庸，它站在盼盼身边，眼睛瞪着盼盼，盼盼只顾着埋头进食，对庸庸不友好的神情没有加以理会。庸庸就挤进盼盼与雌猴之间半蹲着，屁股翘起来对着盼盼，身体一步步往后退去。庸庸的屁股一次次扣在盼盼脑袋上，盼盼往后挪了又挪，直到它被庸庸屁股挤兑出喂养点。庸庸的屁股排挤法，让盼盼非常愤怒，它一下跳起来，怒不可遏地站立在庸庸跟前，向庸庸大吼大叫起来，似乎要向庸庸讨说法。庸庸怒视着盼盼意欲动武——当庸庸眼睛不停地瞟视 4 只雌猴，意欲得到 4 只雌猴的支持和响应的时候，4 只雌猴却平静地坐在喂养点进食，并不掺和它们兄弟之间的事情——最后，庸庸坐下来埋头进食，没有理会盼盼的叫声，一场风波平息下来了。

两只雄猴决裂

庸庸和盼盼不和谐的小插曲，没有影响"兄弟"之间保持一团和气，和谐相处。而 7 只雌猴的到来，却让猴"兄弟"平地起风波，关系破裂。事情的起因是这样的：

生活在云蒙主岛北面的 7 只雌猴在园园死亡以后往北面迁徙，在毗邻北大岛一带活动，寡居在云蒙主岛的北面狭小的地

带。它们的生活就像一潭死水一样十分沉寂，听不到喧哗和打闹声，来去都静悄悄的。由于时常受到灵灵统领的猴群的侵扰，它们的行动变得小心翼翼。行动时，目光四处搜索；栖息时，除了相互理毛，它们的活动十分单调，偶尔它们也进行游戏，两只雌猴之间相互爬架，以示亲密。

　　7只雌猴在一起生活，姗姗又暴露出亲近人的本性，我驾着小船来到喂养点，姗姗就跑到小船里抱着饲料桶或坐在喂养点上独自吃起来。别的雌猴则要等我离开以后，它们才从树丛里出来。躲在树丛里的雌猴经常向姗姗吹胡子瞪眼，对姗姗的违规行为进行警告。编号为28号的雌猴像猴姐妹中的统领者，对姗姗的违规行为很看不惯，屡屡向姗姗发出吼声，还到喂养点来对姗姗凶狠地瞪了一眼，对姗姗以示惩戒。1986年5月的一天，我坐在小船上，看着姗姗在喂养点吃食，猴"大姐"禁不住美食的诱惑，也悄悄地从树丛里走出来，来到喂养点，紧挨着姗姗身边吃食，姗姗埋头进食时，猛然见到身边这位"大姐"，它很是一惊，身体弹跳起来，发出神经质般的尖叫声，迅速沿河岸跑去。当姗姗看到我坐在船上，立即折回身来，愤愤不平地向"大姐"身上扑去，要宣泄对它的不满。姗姗向猴"大姐"愤怒地大吼大叫，它扑向猴"大姐"，与它纠缠不休。猴"大姐"因为我在小船上，所以有所忌惮，它便从喂养点往后撤至树林旁；姗姗还是得寸进尺，步步紧逼；猴"大姐"忍无可忍，就扑上前去，要武力教训姗姗。有趣的是，当猴"大姐"扑上前去时，藏身树林中的一只同伴，立即从树林跑出来一口咬住猴"大姐"的尾巴，将猴"大姐"往树林里拽，猴"大姐"怒视着姗姗，身体却不由自主地被劝架的雌猴拽进树林里。当姗姗又扑上前去，怒气难消的猴"大姐"，要从树林里蹿出来，劝架的雌猴又一次冲上前去，咬住猴"大姐"的尾巴把猴"大姐"拽进树林里。当我驾船离开喂养点时，姗姗如惊弓之鸟，慌忙往一片丛林中跑去，猴"大姐"立即从树林里奔跑出来，朝姗姗藏身的树林里跑去。猴"大姐"没有找到姗姗，就站立在一块岩石上，眼睛不停地四处搜索，向树丛里吼叫。

7只雌猴就生活在云蒙主岛北面一带，活动区域狭小，毗邻北大岛，最近距离不足200米。时间长了，生活在两个岛屿上的猴子们，开始相互串门。两个群猴经常沿着湖两岸一起前行，又一起折回来，在湖岸边来来回回地徘徊，相互驻足凝望，热烈地啼叫着，交流友谊。1986年6月15日，通过一段时间的交流，7只雌猴集体游泳到了北大岛。

　　7 只雌猴加入到北大岛的猴群里，在经历了短暂的平静之后，分裂的危机骤然降临。三天后，我发现有 3 只雌猴被排斥出来。同时，原本和谐共处的两只雄猴，出现分裂，盼盼被逐出猴群。庸庸独霸了 8 只雌猴，成为此处的猴王。

　　被逐出的盼盼与 3 只雌猴，它们不能到喂养点进食，我只好在岛的另一端给它们设了一个喂养点。由于两个喂养点相距不远，庸庸统领的猴群也经常来侵占此处的喂养点。

　　盼盼与 3 只雌猴聚在一起进食时，看到庸庸统领猴群奔跑来时，3 只雌猴也像对待园园一样，对盼盼倒戈，向盼盼大吼大叫，还像打手一样向盼盼发起攻击，要与盼盼划清界限。一次，庸庸统领猴群在山坳里的一片丛林中游玩，尾随在猴群边缘活动的编号 18 的雌猴走到临近湖边的一处树丛中，很友善地向盼盼龇牙，翘起尾巴露出臀部向盼盼示爱。俩猴正在恩爱时，庸庸突然从山上的树林里向它们走来。这时候，正与盼盼恩爱的雌猴神色凛然一变，翻云覆雨一般，怒不可遏地向盼盼大吼大叫起来，凶猛地扑向盼盼，对盼盼发起攻击。盼盼逃离以后，雌猴还不善罢甘休地向盼盼追逐过去。盼盼的违规行为，更是激起庸庸对它的仇恨，带领猴群对它围剿，群起而攻之，要置它于死地。

　　由于离群的雌猴攻击盼盼有功，对庸庸忠心耿耿，有两只雌猴先后加入到了庸庸统领的猴群里。姗姗有亲近人的习性，为猴群所不容，它没有被庸庸接纳为妻妾，孤单地跟在猴群的后面。后来，姗姗的一次英勇壮举让同伴们刮目相看，获得了"英雄"一样的礼遇。1986 年 7 月的一天，我和小姚从果园里运来一些水果喂猴，姗姗禁不住美食的诱惑，它独自跑上船来饱餐一顿后，就来依偎在我身边。我抚摸着姗姗的身子，它很惬意，眯起眼睛昏昏欲睡，一副非常享受的样子。小姚见此，他也效仿我的举动去抚摸姗姗的身体。正当姗姗静静地躺在船的甲板上，尽情地享受人类给予的爱抚时，庸庸忽然来了，站立在船边，发出一声低沉的吼叫，姗姗立即从甲板上像触电一样翻起身来，大吼大叫着就向小姚身上扑去，小姚措手不及，慌乱之中，连忙躲进了船舱里，关闭了门窗。姗姗追上前去，站立在门边，用爪子拍打着舱门，不肯善罢甘休，它向舱内吼叫着，一副怒不可遏的样子。姗姗的举动，立即招来了群猴的围观，猴子们都跑到船边来，吵闹着为姗姗助威，一副摩拳擦掌的样子。此时，姗姗看到同伴们前来，越战越勇，毛发竖立起来，高声吼叫着，身体腾空起来，朝舱门上一次次撞击而去……姗姗巧妙的应变，因祸得福。当姗姗跑上岸以后，众多的猴子像迎接凯旋归来的"英雄"一样，围拢在姗姗身边，面向姗姗叽叽喳喳地啼叫不停，猴王庸庸也跟随在姗姗的身边，一副愤愤不平的样子。

姗姗大战小姚之后，它在猴群里的处境有了根本性改变，它融入了猴群里，被庸庸纳为妻妾，不再亲近人类。它的回归，让我感到欣慰，也让我感到失落。

盼盼孑然一身，它不能到喂养点来进食，每天东躲西藏、疲于奔命。为了让盼盼活下来，我每天在喂养点投完食物后，就驾着小船绕着北大岛转悠。盼盼在饥饿难耐时，见到我的小船，就会从树林里钻出来，站在裸露的湖岸边，神情紧张地望着驶来的小船，当小船驶近后，盼盼就急切地跳上船来，身体伏在饲料桶上，双爪捧起大把的玉米往嘴里塞。我手里捧着饲料，盼盼就把嘴巴贴在我手上，大口地往两个颊囊里吞咽。它在进食的时候，眼睛不停地东张西望，还不时竖耳静听，表现得极为惶恐，一点风吹草动，都会让它慌慌张张地往树林里逃窜。

领地事件

　　庸庸独霸了 11 只雌猴，将原住的 4 只雌猴和后加入进来的 7 只雌猴作为妻妾。它的权威性也达到巅峰状态，尾巴高翘起来，颐指气使，经常向它的"臣民"摇头晃脑，瞪眼跺脚，发号施令，对违规者施行处罚。雌猴们唯庸庸马首是瞻，庸庸一个眼色，雌猴就会为它效力。比如，庸庸眼睛望着一片丛林，像发现敌情似的，雌猴们就会高度戒备，吼叫着向前去搜索。在庸庸的统领下，猴子们像围猎一样搜捕盼盼，对盼盼围追堵截发起攻

击。盼盼隐身在树林里，它的处境越来越凶险，我看到它的身体瘦弱不堪，多处受伤，到小船上来进食，更显得惶恐和慌张。它的处境与园园被攻击时相同，我认为：盼盼会步园园的后尘，成为权力争霸中又一个牺牲品。

"天有不测风云"。庸庸称王称霸之后带领猴群一次鲁莽草率的行动，竟然改变了两只雄猴的境遇，困境中的盼盼绝处逢生，猴群中的权力结构出现了难以预料的转折。我将这次行动，称为"领地事件"。

"领地事件"的起因是这样的：

云蒙主岛的北面，曾是7只雌猴生活过的领地。7只雌猴游泳到北大岛，猴王庸庸接纳了7只雌猴为妻妾。1986年10月20日，猴王庸庸带领11只雌猴还有3只小猴崽（都是原定居的雌猴生育，后加入进来的7只雌猴都未生育），游泳来到云蒙主岛，在原7只雌猴居住过的地方，它们要故地重游。盼盼则独自留在了北大岛。

庸庸带领猴群来到云蒙主岛，我感到非常意外。庸庸与灵灵各自率领两个猴群，共同居住在同一岛屿上，我预感到两个猴群会有一场激烈的战斗。为了不错过这次观察的机会，我全天都候在岛上密切关注两个猴群的动向。

第一天，两个猴群各自镇守在北面和南面，相安无事。第二天下午，猴王灵灵统领猴群开始有所行动，它们往北面推进，就如同平日游玩一样，在树林里采花觅果，也有在湖边走动的，走走停停。在两峰之间的缺口处，猴群在此栖息了很长一段时间，它们表现得很平静。临近傍晚的时候，猴群行至北面一个幽静的港湾里，它们在森林茂密、高耸而起的一座山峰上，庸庸居住的地方一览无余。一些猴子爬到树梢上，向庸庸与雌猴居住的地方发出"嘿嘿"的叫声，猴群开始加速往北面行进，一场战斗就要来临。

我驾船继续跟踪猴群的行动，灵灵统领着猴群，从树林里、湖岸边往北面进发。庸庸统领的猴群势弱，它们发现强势猴群到来后，就从一处较开阔的树林中撤回到岛北端。延绵的北端地形狭窄，处于背水一战的境地。猴王灵灵统领众猴，纷纷发出吼叫声，它们从树上、林中、湖边快速往前奔跑，向庸庸统领的猴群展开进攻。我原以为：两群猴子之间会有一场精彩而激烈的混战。然而，这次战斗却很平淡，像以往猴群攻击园园一样，猴群追逐着逃跑的庸庸，树林里不时传来一阵阵喧哗和吵闹声……

这场战斗过后，雌猴们与 3 只幼崽都安然无恙，猴王庸庸却失踪了。11 只雌猴和 3 只小猴崽经过三天的等待后，10 月 25 日，它们驮着 3 只小猴崽返回了北大岛。

雌 猴 王 姣 姣

由于庸庸失踪，雌猴们经过三天的等待后，它们带着幼崽重回北大岛。留在北大岛上的盼盼与雌猴之间的紧张关系立即趋于缓和。盼盼与雌猴们一同到喂养点来进食，结束了东躲西藏、疲于奔命的生活。但盼盼明显处于弱势地位，被边缘化。它经常在

冬季晚上猴子抱团取暖

丛林边观望进食的雌猴们，很惊恐的样子，目光闪烁不定，保持高度戒备状态，似乎还沉浸在过去的阴影中。

我在记录中写道：10 月 26 日，至北大岛处投食，众雌猴先行来到，盼盼尾随前来。在丛林旁，盼盼站立在那里，望着聚集在喂养点的雌猴，心神不定。在众雌猴埋头进食时，盼盼在众猴的边缘走动捡食。盼盼走到一雌猴身边时，那雌猴很不友好，向盼盼瞪眼大吼，不让盼盼靠近，盼盼像受惊吓一样，立即逃离此处。见众猴并无追逐攻击之意，盼盼又前来，行为拘谨，小心翼翼的样子。

10 月 27 日，盼盼到喂养点来，又如昨日一样，在丛林旁观望一阵后，才前去捡食。它要看别的猴的脸色行事，有雌猴向它瞪眼，盼盼就不敢靠近，只能绕开走。雌猴都坐地进食，盼盼站立捡食，雌猴之间的吼叫，也让盼盼惊慌失措地逃离。真是"一朝被蛇咬，十年怕井绳"。盼盼看上去还沉浸在过去的恐惧之中：两眼游离不定，不时地东张西望，听到一点儿响动，就掉转身体欲逃离。它四肢贴伏在地上，心神不定，一副胆战心惊的样子。

10 月 28 日，看到盼盼来到喂养点，一雌猴向盼盼吼叫起来，要将盼盼逐出喂养点，这引来众多雌猴的围观、助攻和吼叫。然而，编号 44 的雌猴则表现迥异：它冲上前去，将这些雌猴驱散，追逐惩治领头者。看上去编号 44 的雌猴具有很高的权威，它瞪别的雌猴，被瞪者就表现出惶恐的样子。它扑上去惩治别的猴，别的猴只有逃跑的份儿。由于编号 44 的雌猴出面帮盼盼解了围，盼盼打消逃跑的念头，转身回来紧跟在该雌猴的身后。

10 月 29 日，在喂养点又出现与昨日相同的一幕：盼盼接近喂养点时，有 3 只雌猴欲阻止盼盼的到来，它们以十分敌视的表情，向盼盼愤怒地吼叫。编号 44 的雌猴将这几只雌猴驱散，很威严地瞪着逃离的雌猴，这是一只非常有权威性的雌猴。

11 月 2 日，行船至北大岛，我在喂养点投食后，雌猴们都聚集在喂养点进食，盼盼也来到喂养点。与 7 只雌猴一起加入进来的猴"大姐"，见盼盼走上前来，极不友好地对盼盼瞪眼怒视，眼睛不停地向身边的同伴瞟视，示意身边的同伴共同攻击盼盼。在猴"大姐"的带动下，有三四只雌猴发出响应，瞪视和发出吼叫声，要将盼盼驱逐出去。盼盼见情形不妙，转身欲逃离此地。这时候，编号 44 的雌猴迅速向猴"大姐"扑去，逮住猴"大姐"就将它痛咬一顿，威吓盼盼的众雌猴惊恐地逃走了。编号 44 的雌猴还怒视逃跑的雌猴，要为盼盼打抱不平，紧随编号 44 的雌猴行动的还有两三只雌猴。

对于是否接纳盼盼，猴群里存在着两种不同的声音和行为表述，并一度成了这个猴群屡次发生矛盾与冲突的焦点。后加入来的 7 只雌猴，我称之新派势力，它们当中 4—5 只猴子对盼盼不友善，排斥性就显得较为激烈，在屡次排斥盼盼的行动中，它们都首当其冲。如编号 28 的雌猴与编号 21 的雌猴，还有脸部有一绺黑毛的雌猴。而老派势力，又以编号 44 的雌猴最为突出，它为盼盼打抱不平，对集体驱逐盼盼的行为予以干涉，驱逐对盼盼不友善的雌猴。对盼盼起到了强有力的扶持作用，并显示出它在猴群中有很高的等级地位和权威性。

红脸（永久性的）、毛色灰白、编号 44 的雌猴，我称之为姣姣。它是首批游泳到北大岛生活的 4 只雌猴之一，与庸庸、盼盼曾是患难之交。此前，它并没有引起我多大的关注，然而，在庸庸失踪之后，该猴的表现令我刮目相看，它开始成为我关注的焦点。它常威严地目视群猴，无需语言助攻就攻击别的猴，将别的猴逐跑。在姣姣屡次的打压下，对盼盼不友善的雌猴都不敢轻举妄动。盼盼开始与别的猴子一样，到喂养点来安心进食。

盼盼的依附性强，有知恩图报的表现：姣姣向别的猴瞪眼，威慑别的猴时，盼盼就效仿姣姣的举动，在一旁为姣姣助威；姣姣离开喂养点时，盼盼都紧随其后；坐在树丛中，屡次看到盼盼为姣姣理毛；当姣姣怒眼瞪视别的猴时，盼盼亦步亦趋，一副同仇敌忾之状。

庸 庸 归 来

自从庸庸失踪之后，我一直在寻找它的下落，我遍寻了云蒙主岛和周围的小岛。

1986 年 11 月 8 日上午，我和往常一样，驾着小船来到北大岛的喂养点，给猴子投下食物，吹响就餐的哨声时，又出现十多天前一样的情景，盼盼独自来到喂养点。开餐的哨声，也吸引了对岸雌猴们的叫声。原来，11 只雌猴又驮着 3 只小猴崽游泳到了云蒙主岛。我驾船来到云蒙主岛的北面，在它们曾经就餐的地方，给它们投下食物。它们刚刚来到喂养点，身上的毛发还是湿漉漉的。

忽然，我发现失踪十多天的庸庸出现了。我一时还认为是错觉，拿起望远镜反复端详后，通过编号确认它就是庸庸时，我异常兴奋与惊喜，真是"踏破铁鞋无觅处，得来全不费工夫"。庸庸依然像过去一样强壮，毫发未损，只是它的行动较为迟缓，来到喂养点后，就埋头进食，进完食之后，它就走进了树林里。

进完食的猴子们陆续离开了喂养点，它们翻过山坡，来到毗邻北大岛的湖岸边，嘴里发出"哼哼"的啼声，相互呼应后，它们一起下水游回了北大岛，失散的庸庸也一同返回了家园。雌猴们行程匆忙地来到云蒙主岛，也是最后一次集体游到这片岛屿上。此后，两个岛屿上的猴群隔江而治，互不侵扰。它们的这次行动，也为北面的领地争端画上了句号。

令我不解的是：雌猴们为什么又一次冒险游泳到云蒙主岛上？它们短暂的行程唯一收获就是与庸庸一起返回家园。那么，庸庸为什么不独自回到北大岛呢？为什么雌猴们要一起去迎接庸庸呢？

庸庸失踪后的藏身之地，也让我心存疑惑和不解，灵灵统领猴群在追逐过程中，在北面森林的开阔地带喧哗叫声就平静下来了，这意味着猴群已经失去了攻击目标，鸣金收兵了。庸庸被攻击时，显然是躲藏在北面森林里；庸庸所到云蒙主岛的南面，是猴群主要的活动区域，很容易被猴群发现其行踪而遭受攻击，它在南面难有容身之地；猕猴的防患和生存意识极强。被攻击者通常不会滞留在小孤岛及地势狭窄地方，因为那些地方不仅食物获取量小，更容易暴露自身的藏身之地，一旦被猴群发现，就无处脱身，被猴群困住、咬死；同时还能防范人类的侵害。

庸庸失踪后，它显然一直居住在 7 只雌猴生活过的北面，这里有较开阔的森林，灵灵统领的猴群极少到此侵扰，这些因素让庸庸安然无恙地生存下来。我不解的是：雌猴们等待了三天，庸庸却隐身树林里，它为什么不出来与雌猴们团聚？隔水相望就是它的家园，庸庸为什么无颜回"江东"？我不敢以人类的思维去揣测庸庸的失踪和雌猴们这次不可思议的行动。

庸庸从失踪到回归，前后经历 18 天。它给我留下太多的难解之谜。庸庸回归之后，它遭遇的一系列生活中的变故，又似乎诠释了猴社会隐秘的内情与不为人知的秘密！

危 机 中 的 庸 庸

如果我提出这样的问题：猴王庸庸失踪之后，重新回到猴群里，它仍是猴王吗？我相信许多人会有我一样的想法：庸庸返回了北大岛，它们的生活依然还会像过去一样，庸庸占据着统治地位，一时冒头的姣姣，自然无法与庸庸相抗衡，一切都回到原来的角色中，盼盼会被重新逐出猴群。所有改变都会恢复如初。因为，权力是依靠武力来取得的，这是猕猴社会的自然规律，我当时就是这样想的。可是，接下来发生的事情，简直令我匪夷所思，一场危机向庸庸降临。

11月9日，也就是庸庸回归家园的第二天，我看到一个很奇特的场面，一直让我记忆犹新。我在喂养点投食后，庸庸先来到喂养点，坐在一处自顾自地埋头进食。当雌猴们纷纷来到喂养点时，我发现雌猴们与往日不同，它们用一种阴冷的眼神看着庸庸，像是在看一位陌生者，并纷纷从它身边走过，靠近庸庸身边进食的雌猴，也退闪一旁似躲避庸庸一样，与庸庸疏离开来，分隔出两个阵营。不时有雌猴瞪着庸庸，发出低沉的吼声。编号28的雌猴大胆走到庸庸跟前，一副凛然的神情，向庸庸发出低沉的吼声，试探庸庸的反应。尔后，它用审视的目光看着庸庸，眼睛眨巴眨巴，脸贴在庸庸的跟前，将庸庸的额头、后脑勺仔细地打量了一遍，又去垂视庸庸的脸部，还意犹未尽地在庸庸身边转悠，认真去审视它身体的每一个部位，貌似在辨认身边这只雄

猴的来历。当编号 28 的雌猴离去后，又有编号 14 的雌猴前去，它很从容地坐在庸庸跟前，像与庸庸面对面交谈一样，两眼认真审视庸庸，将庸庸全身上下打量一遍。雌猴面对庸庸时而扬眉瞪眼，时而头往庸庸跟前一探，发出一声低吼，好像在威慑和挑衅庸庸一般。一旁的雌猴们在"哼哈"相互用语言交流时，也纷纷朝庸庸觑视，投去冷漠的眼神。

面对归来的猴王，雌猴们的怪异举动，在我看来全然是在冒犯猴王，是以下犯上的违规之举，理应受到猴王严厉的惩戒。让我不解的是：庸庸在喂养点一直都低着头，对近前来的雌猴都视而不见，还慢悠悠捡吃身边的食物，原本高高在上的猴王庸庸，此时却很宽宏大度，让我很是惊奇。不一会儿，庸庸孤独地离开了喂养点。

我当时认为：庸庸与雌猴们的分离才导致这样的场景的出现。但这种推测，很快就被否定了。

盼盼对庸庸的到来心存戒备。第二天，当庸庸与众雌猴都纷纷来到喂养点进食的时候，庸庸还和昨日一样，独坐一处。盼盼在树林里观望后，悄悄地从树林走出来，很小心地站在一旁观望。这时，庸庸看见了盼盼，它立即站立起来，耸起毛发，怒不可遏的样子，向盼盼吹胡子瞪眼地吼叫。盼盼惶恐地四肢贴伏在地上，欲逃离此处。庸庸大吼大叫，不时扭头注视就餐的雌猴们，它意图唤起众猴的响应，向盼盼发起攻击。然而，庸庸的号令却没有得到雌猴们任何回应，它们很冷漠地看着庸庸，又自顾自在喂养点进食。庸庸独自追逐过去，盼盼躲进了树林里。

11月12日，盼盼来到喂养点，庸庸同前日一样，极为恼怒，向前追逐几步，又回望就餐的雌猴们。盼盼的表现比前日要从容，庸庸向前追逐瞪它，盼盼就躲避绕开，不与庸庸正面交锋，在喂养点边缘捡吃食物。

大概是出于对庸庸的恐惧，盼盼经常在树林边观望一会儿，再到喂养点来。雌猴们对盼盼的到来，不再出现排斥和发出尖叫，表现很友善。

庸庸的号令得不到雌猴的理睬，于是盼盼越来越胆大。一次，盼盼试图绕开庸庸，从另一侧接近喂养点时，庸庸大吼大叫起来，愤怒异常地扑上前去，试图用武力惩治盼盼。这时候，姣姣迅速奔跑过来，它阻挡在庸庸跟前，姣姣完全一副凌驾庸庸之上的神情，目光威严地瞪着庸庸，向庸庸发出低沉的吼声。庸庸在姣姣跟前，头部不停地左右摇动，试图避开姣姣充满挑衅的目光，从姣姣的身体两侧去瞪盼盼。姣姣不依不饶，也不停地摆动头部瞪庸庸。雌猴们跑上前来，加入到了姣姣的阵营中，庸庸在众猴的威慑下自动退去，回到喂养点进食去了。

庸庸对盼盼的到来，像条件反射一样，极为恼怒，毛发耸立，独自向盼盼大吼大叫，前去驱逐盼盼。每次在庸庸付诸行动时，姣姣就率先阻拦在庸庸跟前，向庸庸瞪眼和吼叫，阻止庸庸驱逐盼盼。有姣姣撑腰，盼盼就尾随在姣姣身后，狐假虎威地向庸庸吼叫着……对此，庸庸并没有善罢甘休。

11月28日，庸庸看见盼盼从山坡上走下来，它毫不迟疑地向盼盼扑过去，准备将盼盼痛咬一顿。此时，姣姣飞奔而来，它咬住庸庸的尾巴，让它前进不得。一群雌猴也前来参战，它们一起咬住庸庸的身体，把庸庸哄抬起来，往陡坡下拖拽，庸庸在陡坡上跌了好几个跟头。在庸庸跌倒滚爬之时，它的眼睛还一直怒视着盼盼，向盼盼吼叫着。庸庸对雌猴们保持着高度的克制和忍让，它没有反抗，任凭雌猴们的处置。目睹这样的场景，我惊讶不已，身体强壮的雄猴，在雌猴们面前原来可以这样谦卑。

庸庸在猴群里失去权威，这是显而易见的。

12月13日，在喂养点上，庸庸很不友善地对一只雌猴瞪眼，被威胁的雌猴尖叫起来，在庸庸跟前大吼大叫着，庸庸似乎忍无可忍，扑上去要将该雌猴撕咬一顿。庸庸的举动立即遭到众雌猴的反击，它们一起将庸庸包围起来，庸庸在众雌猴撕咬和推搡下，连连后撤，跌入到水中。庸庸从水中爬上岸，不停地抖毛发上的水滴，踉跄地往山坡上爬，那景象颇显狼狈。

庸庸的谦卑和忍让，在雌猴们面前屡屡落败，让我觉得猕猴社会潜藏着不为人知的一面。

权 力 的 结 构 性 改 变

"领地事件"之后，姣姣俨然以猴王自居，它从树林里走出来，先站在一处陡峭的山坡上，居高临下，向我瞪眼和吼叫，这是在对我发出警告，让我安分守己一点！姣姣还神情威严地目视群猴，并朝聚焦在喂养点上的众猴走去。对姣姣的到来，猴子们很"识相"地让开道，闪躲一旁。对违规者，姣姣就将其驱逐或武力惩治一顿。姣姣惩治猴子，无需语言助攻就将别的猴武力惩治一顿，被惩治的猴子则灰溜溜地逃走。当个体之间或猴群内部发生纷争时，姣姣或将参与纷争的猴子驱逐，或逮住一只猴子，将它惩治一顿，把纷争平息下来。姣姣的个性非常强势。

在一段时间里，盼盼对姣姣特别亲近，姣姣离开喂养点时，盼盼经常尾随其后，它们一起来到树林里，两只猴子栖息时，盼盼就十分殷勤地给姣姣理毛，这种场景多次出现。雄猴给雌猴理毛，一般比较敷衍，通常是作为暗示和一种姿态，换取对方的回报。盼盼给姣姣理毛却很细致，但得不到姣姣的回报。在理毛过程中，姣姣经常有试探性的动作，如两眼向树林里搜索，发出低沉的叫声。此时，盼盼一副同仇敌忾之状，也跟着姣姣搜索和瞪眼，亦步亦趋，唯姣姣马首是瞻。在仲裁猴群内部纷争之时，盼盼经常尾随其后，或站在一旁，向违规者吹胡子瞪眼，发出吼声，为姣姣助威。

庸庸与盼盼同在一个猴群里，两只雄猴"老死不相往来"，不去接近对方。盼盼遇见庸庸先行躲避，显然处于弱势地位。庸庸与姣姣则保持了较为平和的关系。姣姣与庸庸经常挨在一起进食，坐在喂养点的中心位置，一起出行和在一处玩耍，姣姣同盼盼和庸庸都有交配行为。但姣姣地位在庸庸之上又显而易见。一次，姣姣带着小猴在树荫下栖息，给年幼的子女理毛，不安分的小幼猴从猴妈妈怀里钻出来，沿着湖畔蹦蹦跳跳来到庸庸身边，庸庸神情很慈爱地看着小猴，伸手抚摸小猴的身体，让小猴攀爬到自己的身上。当庸庸与小猴玩耍之时，姣姣急匆匆地赶来，迅速将小猴抱在怀里，并向庸庸凶狠地瞪了一眼，毛发耸立地往庸庸跟前一扑，似乎要惩治庸庸的无礼之举。庸庸往后退缩，神情很惶恐地向姣姣龇牙，庸庸在姣姣跟前神态很是卑微。

在猴群里，姣姣行为举止透着威严，猴群发生纷争之时，由姣姣出面仲裁。庸庸在喂养点只埋头进食，对猴群里的争斗视而不见。当猴群聚集在一起的时候，它们会发出"嗯嗯哼哼"似的语言交流，庸庸与别的猴子缺乏语言和眼神方面的交流，行为拘谨，经常独自走动。

庸庸在处罚别的猴时，也常出现不能服众的现象。例如，被庸庸追逐的雌猴，与庸庸纠缠不休，逃脱之后，向庸庸大吼大叫……一次，猴群里突然骚乱起来，在骚乱中，一只雌猴很不识时务，它跑到庸庸跟前，怒视着别的猴子，并频频地看身边的庸庸，显然它是求助于庸庸，要庸庸为它撑腰。庸庸也做出响应，与雌猴一起眼睛瞪着别的猴，要打抱不平。这时候，姣姣快速地奔跑来，将庸庸身边的雌猴一顿痛咬，狠狠地惩治了雌猴一顿。当雌猴"吱吱"惨叫逃离而去的时候，姣姣目光凶狠地瞪视着庸庸，似在警告庸庸要安分守己。

日复一日，一度处于弱势地位的盼盼与猴群关系显得更为融洽，与雌猴多有语言和眼神方面的交流，猴群里出现的吵闹和争斗，它也特别关注，在猴群里也越来越活跃。在猴群里，雄猴树立起权威，就要有能力保护雌猴。盼盼与雌猴姣姣开始分庭抗礼，姣姣向雌猴发起攻击时，盼盼迅速冲过来，阻拦在姣姣跟前，像姣姣阻拦庸庸一样，保护雌猴，直到姣姣退去。盼盼对庸庸越来越表现出一种不友好的行为举止，向庸庸瞪眼，并一副居高临下的神情。它对庸庸的不友好，在巡视猴群时表露得更是显而易见。

"领地事件"是庸庸地位变化的一道分水岭，其主要表现：

一、庸庸在猴群中丧失了权威性和号召力，出现了众叛亲离的局面；

二、盼盼处境的优劣与庸庸权势的兴衰密不可分，盼盼从不被接纳到加入猴群里，等级地位呈上升的趋势；

三、猴群中出现打斗时，庸庸不介入仲裁冲突，与雌猴之间缺少语言和眼神方面的交流。"领地事件"前后，庸庸所扮演的角色，完全判若两猴。

1991 年 12 月，庸庸忽然失踪了。这之前，我没有发现猴群对庸庸有攻击现象，它是在平静的生活氛围中失踪的，它的失踪又让我感到不解。

第三章　猕猴复仇记

暴 戾 的 猴 王

1986 年 9 月，第二批猕猴来到千岛湖，2 雄 8 雌。王教授希望提高我这项工作中的业务和知识水平，他决定将第二批猴子拴养在小坑林区驻地门前的几棵树上，由我和县防疫站的工作人员进行猴子放养前的检疫工作。

10 只猕猴当中的两只雄猴，我将它们编号 50 和 59，分别取名叫龙龙和威威。

威威是一只非常凶猛的雄猴，据运送猴来的小马师傅介绍：威威是被人驯养过的猴子。我天真地认为：人工驯养过的猴子对人亲近友善。我大胆地将威威从笼子里牵出来。初次见面，威威就给了我一个下马威。威威爬出羁押的笼子，往前一扑抱着我的大腿就狠狠地在我腿部撕咬起来……还是小马师傅快速地赶过来，将凶猛的威威拉开，这时我已经是伤痕累累。

10 只猴子分号拴养在树上。两只雄猴，性情迥异。龙龙性情温顺，目光机警，经常站立起来巡视猴群，或瞪眼跺脚，发出吼叫，或坐地休息神情安详，不急不躁，对我也很友善。威威却不同，它每天耷拉着脑袋，目不斜视，在原地不停地来回踱步，沿着树干绕圈圈，一副很烦躁的样子。我负责给它们喂食和清理卫生，威威凶猛异常，我快要靠近它时，威威四肢往地下一蹭，身体呈一条直线凌空横扫过来，凌厉至极。我屡次中招，被它的"飞毛腿"踹中。我用鞭子教训它时，它桀骜不驯，愤怒地吼叫着，与我对着干，非常凶猛地夺下我手中鞭子，将鞭子丢在地上，踢了出去。

同来的雄猴龙龙表现很优秀，它得到雌猴的青睐。编号 51 的雌猴屡次解开绳子，要与龙龙在一起，它们自由"恋爱"结为了伴侣。龙龙不排斥我的到来，我走到龙龙跟前，龙龙对我很友善。它却非常威严地注视同伴，还逐一扫视猴子，不时地吹胡子瞪眼，横眉立目，发号施令。一天，我将龙龙身边的雌猴带到威威那里，这一下惹怒了龙龙，它无比愤怒地向威威吼叫，要与威威决一死战。看在龙龙求战心切的份上，我很想知道它们之间的武力打斗会是什么结果。我给龙龙松了绑，手牵着龙龙去打斗，让两只雄猴武力去解决夺妻之恨！愤怒至极的龙龙使劲地拽着我扑向威威，对威威大动干戈。我原以为两只雄猴之间会有一场精彩的打斗。结果我却大失所望：龙龙那种凶猛气势就将威威震住了，威威惶恐至极，一下瘫软在地。龙龙扑上去撕咬，威威头拱地，身体龟缩成一团，毫无招架之力。整个过程中，威威都处在被动挨打的境地，威威被撕咬得遍体鳞伤，腿上鲜血直流。我将不肯善罢甘休的龙龙拉回原地时，威威一副惊惶之态，它不停地用嘴巴舔身上的血迹，为自己疗伤。

这场打斗令我大跌眼镜！貌似非常凶悍的威威在龙龙跟前竟然不堪一击、俯首称臣，真是"一物降一物"。在我面前逞威风的威威，在龙龙跟前不堪一击。从此，我抓到了威威的软肋，它向我要威风，我就让猴王龙龙去惩治它。龙龙对威威一直怀恨，每天都虎视眈眈地瞅着威威，巴不得有机会就去严惩它，要它好看。我能驾驭龙龙，它甘愿听从我的差遣，屡次吃亏的威威弄清了这里面的利害关系，开始收敛起野性。威威从此后对我缩手缩脚、服服帖帖，我能抱它，还能指挥它翻跟头。但也因此使威威对我埋下了很深的仇恨，它对我疯狂的报复性行为，随着它获得自由，很快地降临了。

为期两个月的检疫结束后，威威与 6 只雌猴被放养在云蒙列岛中的一个命名为西弯的岛上。因猴岛不对外开放，龙山岛景点也在千岛林场管辖之列，为吸引游客，龙龙与 3 只雌猴被放养到龙山岛上。

西弯岛是个小岛，面积约 0.05 平方公里，港湾纵横呈 S 字形，两岛相距湖面最窄处约 80 米。放养威威，如纵虎归山，它给我留下噩梦一般的日子。

放养后的第二天，我驾船来到西弯岛，选择裸露的一处山坡作为喂养点，并在此处撒下玉米。不一会儿，威威从树丛里钻了出来，尾巴高翘，神情威严地沿着裸露的湖岸线缓慢地向我走来。当它走到我身边时，我如往日那样，在手中抓了一把食物，伸到它跟前要喂它，以示友好。威威却不为我手中食物所动，目光怪异地看着我，我正疑惑之际，威威神情忽然一变，两爪敏捷地扯住我的衣服往上一蹿，身体紧贴在我胸部上朝我猛烈地撕咬起来。突如其来的情况令我猝不及防。我挥拳将贴在身上凶猛撕咬的威威打落下地，要从喂养点上撤回来，冷不防，威威又倏地冲了过来，咬住我的一条腿用力地往山坡下拽。湖水冲刷的山坡十分陡滑，我摔倒在地，从山坡上滚了下来。

威威在喂养点绕场奔跑，抖擞威风，像是在庆祝它的胜利。

我撤回到船上，心里气愤难平，操起船上的竹篙，怒不可遏地爬上山坡，要教训威威一顿。威威见我卷土重来，立即停止奔跑，站立在喂养点上，像在等候自投罗网的猎物一般。我挥起手中的竹篙，就朝它打去。威威身体敏捷地往旁边一闪，躲过竹篙，身体往地上一吸，"嗖"的一声往上一跃，快如闪电一般拦腰把我抱住，全身贴附在我身上，头像拨浪鼓一样在我身上撕咬起来……我丢下竹篙，挥拳相还，此次战斗更是惨痛。威威迅疾的腾挪闪躲之术让它就像难以捕捉的幻影。我的手指甲连皮带肉被它撕咬下来……

翠林覆盖的西弯岛，威威占山为王，这里就如同一个魔窟。岛上竖立着醒目的警示牌——"猴子伤人，请勿上岛"。我每天来到西弯岛，给它们投放食物时，就如同与恶魔打交道一样。威威见小船驶来，它就等候在喂养点上，当我的小船靠近岸边时，威威就侧转身体一动不动，像蛰伏林中的饿狼等待猎物一般。牙齿不停地咬动，发出"咯吱吱"的咬牙切齿声，耸发扬眉之时，斜视的目光绿莹莹地透着令人生畏的寒光，阴森恐怖。这是威威迎接我到来最常见的一种姿势，也是威威向我发起攻击的前兆。我称之为"威威的魔鬼姿态"，这让我惊悚和恐惧。

一日，我与小姚手持木棍爬上山坡，将一筐水果投放到喂养点上。威威大摇大摆地向我们走来，俨然君临臣下的神态。我见势不妙，与小姚手持木棍，严阵以待。威威步步向我俩紧逼而来，小姚挥舞棍子要撤回山下。可是，上山容易下山难。威威瞅准时机往前一扑，迅疾地抓住木棍的一端，旋起身体腾跳起来，两条后腿往小姚的身体上猛地往后一蹬，小姚丢下棍子，大惊失色后退一大截，退到了陡坡处。威威掉转身体，又一头往小姚身上撞去，小姚身体凌空从陡坡上翻滚下来，如电影里的惊险镜头——高空坠落一般。见此情景，我吓出一身冷汗。趁威威绕场奔跑庆功之际，扶起小姚，跑回船上要驾船离开此地。威威见我要溜，立即飞奔而来，身体往地上一吸，凌空飞跃而来，一个筋斗不偏不倚骑在我头顶上，威威在我头顶上如陀螺一般旋转，手撕嘴咬，吼吼有声，凶猛至极。威威的胆大妄为，激起我的满腔愤怒，我豁出去了，抓住它的后腿从头顶拽到船舱板上，将它按在地上，我要将它生擒活捉以泄愤怒。凶猛的威威在地上打了一个滚儿，一口咬住我的手腕，又顺势往地上一滚，跳水而逃。

无数次的战斗，无数次惨败，让我对威威恐惧到了极点，一来到西弯岛身体就不由地颤抖起来。为了避免与威威的打斗，我每天变换喂养点，驾着小船沿着岛屿转悠，与威威捉迷藏一般周旋。威威几次奔跑追逐之后，忽然改变进攻之策，它就在山顶爬上高高的树巅观望，以静制动。我驾着小船，减慢速度要泊岸时，威威从山上飞奔而来，躲不开，也甩不掉，它比我的游击战术更高一筹。

猕猴的进攻行为，本有章可循，它们先是试探性动作威慑对方，以试探对手的反应，如果人发怵或恐慌地逃跑，猴才会乘势出击。经常与猕猴打交道的人都知道：自然环境下的猴子，对人类具有天然的恐惧感，唯恐避之不及。只有当人类进入它们的领地，让它们无从躲避或猴群中的成员遭受到严重侵害时，猕猴才会拼死一搏；它们不会主动来伤害人。

被人类驯养的猴子，不按常理出牌。它们表情缺乏变化，情绪不外露，即使很熟知猴子行为的人，也很难掌握猴的行为。所以要远离驯养过的猴子，它们会伤人。

我想好好教训威威一顿，将麻醉药拌在美食里，而威威吃了就吐出来，然后像醉汉一样躲进树林里。我还设下各种陷阱，也被它一一识破。1987 年 11 月，专家学者来猴岛进行科学技术鉴定，借此机会，我向专家进行了请教，有专家认为，威威的行为是一种病态，应该予以除去；也有专家认为，西弯岛与云蒙主岛水面相距很近，威威的凶猛有效地阻止了云蒙主岛强势猴群的侵入，凶猛的威威能有效地保存这个种群，两种意见相持不下。猴岛创始人陈场长给我一个建议：自古就有"杀鸡儆猴"的说法，不妨一试！

深秋时节，碧水青山，万籁俱寂。我开始实施"杀鸡儆猴"之计。我拎了两只鸡，驾着小船到威威盘踞的西弯岛上，今天要给威威点颜色瞧一瞧！威威不知有诈，它和往常一样见我来到，神情凛然地等候在喂养点上。我拎着鸡，手持快刀将鸡脖子一抹后，扔到威威跟前，鸡在地上扑腾，血淋淋的场面，令威威倒吸了一口冷气，后退一大截。凝神观望片刻后，见我无计可施，威威便惊怒不已地扑上前去，将扑腾挣扎的鸡踹了一脚，力道无比地将鸡踢飞了出去，又奔跑前来。我见势不妙连忙跑进船舱里躲了起来。威威站立在小船边，毛发耸立，怒视着小船，吼叫着，那神情分明是要严惩我的不敬！

猴 狗 大 战

龙山岛是千岛湖的人文景观，与千岛湖镇隔水相望，相距水面约有 5000 米。两峰高耸，岛屿面积超过 0.5 平方公里。岛上林木葱郁，还有大片的竹园和果园，有柑橘、枇杷、桃、梨、柿子等，景色宜人。明嘉靖年间，海瑞在淳安当了四年的知县，为官清正廉洁，深得百姓爱戴。后人修了海瑞祠来纪念他。由于原先的海瑞祠已经淹没在水下，1985 年，千岛湖林场募集资金建造了海公祠，形成初具规模的旅游风景点，以后又相继建造古钟楼、石峡书院等景观。

龙龙与 3 只雌猴来到龙山岛。我也从小坑林区的驻地搬到龙山岛上居住。为了让新来的猴子有一个适应环境的过程。我将 4 只猴子拴在管理人员驻地前的几棵树上，过后再择机放养。然而，在一个北风呼啸的夜晚，风高浪急，满山的树在劲风中发出"沙沙"的声响，这注定是一个不平静的夜晚。在龙山岛上居住的施工人员，饲养了两条狗，一公一母。夜深人静时，编号 54 的雌猴被这两只狗咬死了。第二天清晨，人们发现：死猴被拴绳缠绕在树上，被撕咬得开膛破肚，肠子也流了出来，景象极为凄惨。为了避免幸存的 3 只猴子再遭遇不测，我将 3 只猴子都松了绑，让它们自由地在龙山岛上生活。

3 只猴子获得自由后，我见它们相继走到死猴的跟前，低首凝视着它，在死猴身上亲吻，绕着死猴身边走动等，如进行一场悼念仪式。突然，龙龙仰起头，扇动眼睫毛和额头上的毛发，神色一凛，它急匆匆领着幸存的两只雌猴，向在湖边转悠的一条公狗奔跑而去。龙龙奔跑至狗跟前，它倏地凌空一跃，迅猛至极，身子骑在狗的背上，尖利的牙齿狠狠咬住狗的颈部。突如其来的侵袭，让狗措手不及，在一阵"汪汪汪"的狂嚎中，狗在地上连打了几个滚，扭脖踢腿，龇着利牙的大嘴猛向龙龙咬将过来，龙龙往地上一滚，闪躲到一边。两只雌猴也迅速出击，尖牙利齿在狗身上一咬，又迅速地腾挪开来……当母狗听到公狗的嚎叫，奔跑前来助阵时，3 只猴子已敏捷地爬上树，在树枝上的 3 只猴，毛发耸立，威风凛凛，摆出宣战的架势。一场旷日持久的猴狗大战拉开了序幕。猴狗大战也成了龙山岛上别具特色的一道风景。

我们登上双峰入云的龙山岛，凭吊海瑞后，便久久凝视戏波的翠岛青山。

"猴子来了！"有人高叫道。游人们沸腾起来。3 只猴神气活现地来到人前，伸出毛茸茸的脚掌。女士们提心吊胆，连忙抛出饼干、水果糖，男士们则手拿食品让猴子来吃。猴子欢欢喜喜地吃着，发现人们手中不再有食物时，便鼓着两腮跳上石栏。手拿照相机的人赶紧帮石栏旁的朋友拍摄和猴子在一起的合影。3 只猴子中大个子的是猴王，还有两只是猴夫人，它们相互追逐嬉闹，分享着喜悦和乐趣。

这时，忽然走过来一只瘦骨嶙峋的母狗，不知是害怕，还是怜悯，刘女士随手扔给它两个馒头。母狗见她一甩手，立即伸头张嘴，一口叼住馒头，狼吞虎咽地吃下去。正待用嘴去咬地上那个馒头时，这个馒头被猛蹿而上的猴子抓了过去。狗和猴为此展开激烈的战斗。这时，丁女士连忙从兜里抓出一把炒花生扔了出去，以此"劝架"，殊不知这一下非但未起到劝阻作用，反而拉开了猴狗大战的序幕。

可怜的瘦狗不甘心一个馒头得而复失，斗胆伸头舔舌嗅觅炒花生。猴子向狗瞪着眼，发出"吱吱吱"的尖叫声，予以警告，仿佛说这是人恩赐给我们的食物，容不得你们狗来侵吞。可在强烈的饥饿感刺激下，狗一直向前舔嗅。雌猴一看，顿时新仇旧恨涌上心头。要知道，猴王的3位"王后"中，它是老大，它可以指挥另两位"王后"，而最小的"王后"，又惨死在狗嘴之下，这怎么不让它仇恨满心头呢？它迅速地蹿上前去，用爪、掌、牙进行攻击。瘦狗"汪汪汪"一阵狂吠，往后退的同时，用双爪和嘴予以回击。猴在狗头虚晃一掌，趁狗咬空的瞬间，咬住狗的后腿，竭尽全力，猛地往后拖。拖到平台沿，顺势一滚，和狗一同摔到近两米深的砖石地上。猴子在落地的一瞬间双掌在石壁上一吸，身体凌空一跃，一个筋斗不偏不倚跳到狗身上，然后一跃，跳到一旁，安逸地搔头抓耳，显出沾沾自喜、若无其事的神情。狗倒在地上，不断发出"汪汪汪汪"的哀鸣，翻动身子站了起来，狠抖一阵身子骨和毛发，败兴地提着伤脚退到路边去。

粗壮的公狗发现自己的妻子被欺挨打时，急忙赶来营救。突然从旁边又杀出气势汹汹的大个子猴王。猴王瞪着发怒的双眼，毛发倒竖，张着尖嘴，龇着利牙，鼓着圆腮，双掌紧贴地面，声尖力竭，大有一触即发之势。随着一阵令人胆战的"吱吱"声，猴王勇猛一蹿，舞动双掌。公狗一口咬将过来时，猴王避实就虚，一口咬住狗腿，双爪凌厉至极，抓在狗腿和狗鼻上，顺势一个翻滚，双脚在平台沿上一蹬，滚落到石坎下。接着猴王急施攀岩走壁之功，凌空腾跃，用头使劲向狗腹一撞，痛得公狗苦不堪言。公狗救妻不成又被猴欺，此仇此恨只有埋在心底。它装着若无其事的样子甩动毛发，抖了一下威风，慢慢走开，示意停战。猴王看到公狗败阵而下，一阵喜悦涌上心头，立时摆出得胜回朝的高傲架势，敏捷地攀上小树，展示猴王的英武神威。

在闲暇时，我经常跟踪观察猴狗之战。猴子开始报仇心切，遇见狗就冲上去交战，这种鲁莽的行为经常让猴子处于被动地位，通常是被狗追逐着玩命奔逃。鲁莽行事不是猴子的风格，猴子见势行事，对局势有洞察力和判断力，它们与狗交战要区分场合：两条狗在一起，相互有照应时，猴子便不与狗开战；在管理处，狗仗人势，能不战就不战；空旷地带，没有树木或树木稀少，不利于逃避，行动不安全，猴也不敢轻举妄动。母狗身体弱小，3 只猴子见母狗单独行动时，乘机就撕咬母狗一顿，似无所顾忌；公狗身体强壮威猛，智取为上策。当公狗独自外出游玩时，它们经常像幽灵一样，从树上或地上跟踪公狗的行踪。它们的意图很明确，眼睛就瞄着单独行动的公狗，公狗行，猴子也行；公狗停，猴子也停。公狗进入树林密集的地方，猴就发起攻击，给公狗一个措手不及，狠咬公狗一顿。多次吃亏的公狗对猴子的跟踪开始有警觉，向跟踪身后的猴发出吼叫，或逃离猴的跟踪。偷奸耍滑无疑是猴子的强项，3 只猴子开始包抄式偷袭，看到公狗单独行动，它们就绕道到林子里，等候公狗路过此地，或如同平日游玩一样，走走停停，不露声色地悄然接近公狗，当公狗进入到伏击范围时，3 只猴子迅猛地向公狗发起攻击，只见龙龙一个飞跃骑在狗背上，龇着利牙的尖嘴在狗脖上一扭，两只雌猴扑上前去，在狗腿上、狗尾巴上狠咬一口，狗疼痛难忍，往地上一滚，龙龙顺势一个筋斗撤到一边，两只雌猴也退下来，此战大捷。不服气的公狗对猴狂吠。3 只猴子排兵布阵，讲究战术性。龙龙与狗正面对峙，两只雌猴遁后，各盯住一条狗腿。龙龙在狗跟前吹胡子瞪眼，张牙舞爪，跃跃欲试发起佯攻，当狗怒不可遏地向龙龙扑去时，两只雌猴就迅速上前，咬住狗腿往后一拽，当狗转身时，龙龙又扑上前去……猴的敏捷与凶狠让狗防不胜防，屡战屡败。

1987 年 2 月，大腹便便的母狗生育了一窝小狗崽，母狗的产房就设在施工人员的驻地，坐落在半山腰的一幢青砖瓦房里。一天，不知 3 只猴子是蓄谋已久，还是一种巧合，当时，看守人员离开驻地，抚养小狗的母狗身体虚弱，不能保护小崽，3 只猴子乘机跑进房内，将出生不久的 4 只小狗崽全部咬死，还将狗窝也拖出来，捣了一个稀烂。这样的血腥场面，让人们瞠目结舌。

在触目惊心的绝后行动后，由于母狗体型小，产后虚弱，3 只猴子又对母狗痛下杀手。在母狗外出溜达时，3 只猴子一哄而上，将母狗痛咬一顿。残暴的猴子经常将母狗撕咬得遍体鳞伤，连毛带皮大片地撕裂下来，还弄折了母狗一条腿。后来狗主人实在看不下去了，就将狗带离了龙山岛。

睚眦必报

3 只猴子与我非常亲密友好。我到猴岛喂猴归来时，它们就迎候在泊船的码头上，跟随我一起回到驻地，向我索要食物。当我与别的同事嬉乐佯装推搡打架状时，3 只猴子就会气势汹汹地向同事们吼叫，像朋友一样为我两肋插刀。然而，随着又一场风波的到来，3 只猴子竟同我反目成仇，形同陌路。事情的经过是这样的：

1986 年 1 月的一天，三九严寒，我驾船到岛上投食，因小船坏了，我被困在了岛上，后来被过往的船只搭救下来。事情发

生以后，对我非常关心的王教授费了不少心思，他从上海购回几只信鸽，要我饲养，以备不虞之患。我在小坑的驻地还饲养了几只土鸡，我到龙山岛居住后，这些家禽也被我带到龙山岛上来饲养，原在龙山岛工作的管理人员也饲养了几只鸡。这些弱小的家禽与猴子之间本不是天敌，3只猴子却要对它们痛下杀手。

最先遭殃的是鸽子。我当时将养鸽子的笼舍，用木架子固定在住处的外墙上，在笼舍边喂食。不久，3只猴子见鸽子笼舍边有吃的，就爬上鸽子笼舍抢吃食物。3只猴还掏吃鸽子蛋。为了制止猴子的野蛮行径，我每每看到猴子爬上鸽子笼舍，就将违规的猴子用棍棒驱离，以儆效尤。我的暴力干预，非但未能阻止3只猴子的野蛮行径，反而令它们变本加厉，它们爬到鸽笼上吹胡子瞪眼，摇晃鸽笼，向我示威，还将鸽子笼掀翻在地。这让我气不打一处来，但也很无奈。由于猴子的骚扰，鸽子们有窝不能回，每天盘旋在驻地的屋顶上，这让我不能饲养它们，后来鸽子都失散了。

一波未平，一波又起。我们喂养的鸡又成了下一个受害者。我们给鸡喂食时，3 只猴子就神气活现、大摇大摆地前来，好像鸡食也得让它们先品尝。在鸡进食时，猴子拍爪打地一顿威吓，把鸡惊吓得四处奔逃。猴子的霸道行径，自然引起鸡主人的不满。于是，我们在给鸡喂食时，手里就拿着棍子守在鸡的旁边，驱赶前来的猴子。在棍棒的威胁之下，3 只猴子就成了看客，它们似乎受到了人类不公正的待遇。

生活在龙山岛上的 3 只猴子，其实幸福得像花儿一样：食物非常丰富。岛上森林面积非常开阔，还有大片的果园，有桃、梨、橘子等等。它们还可以从游客手中获得美食。我每天给 3 只猴子投喂的食物，它们常常弃之不吃，浪费颇多。但同样的食物，喂给鸡，猴子就有了尝鲜的冲动，它们品尝之后弃之不理，鸡才可以去吃，猴子在鸡跟前有很强的优越感。其实，我后来也反思：在给动物投食时，不要人为地去干预，让动物之间公平地竞争以获取食物，才是和平相处之道。可那时候，我们不懂！认为是在保护家禽，却反而给鸡带来"杀身"之祸。一次，我给鸡喂食时，3 只猴子按捺不住突然蹿出来，向鸡扑去，我抬脚向领头的龙龙踢去，龙龙躲闪开后，非常恼怒，毛发耸立地向我蹿来，辣妹看见龙龙出手，迅速地蹿上前来，在我腿上狠咬了一口。精明的猴子从此不再到喂鸡场边来做看客，风波看似平静了，但意想不到的事情还是发生了。一天，我和同事回到驻地，眼前景象令我们大吃一惊，房前屋后，到处是飘散的鸡毛，一些鸡的毛被拔光了，像落汤鸡一样。当时，我们颇感蹊跷，什么人能干出如此恶作剧？鸡接二连三被拔了鸡毛，谜团也越来越让我们困惑不解。直到 3 只猴子在一次作案中，被管理人员撞了个正着，谜团才解开，原来是 3 只猴子所为。

　　3 只猴子的所作所为，令鸡主人愤慨不已！它们诡秘的行动又令人颇感无奈。一天中午，我在驻地的门前坐着。这时候，我看见 3 只猴子忽然从晒场边的一条小路上走来，辣妹尖嘴上衔着鸡脖子，头部高昂起来，鸡身垂挂在它身前，拔掉大片鸡毛的翅膀还不停地扑动着，它如同凯旋的"勇士"。龙龙与丑丑两边随行，像护卫一样摆出一副高傲的神态，3 只猴子神气活现地朝我这边走来。见此情景，怒火在胸中燃烧起来，我怒不可遏地操起一根棍子，向 3 只猴子扑去，要狠狠地给它们一个教训。敏捷的猴子丢下了战利品，爬上树，吹胡子瞪眼地还给我脸色看，给我气受。猕猴是素食动物，不吃荤食，它们的行动显然是向我们示威：睚眦必报。

　　我们饲养的鸡，在 3 只猴子的猎杀之下，死的死，伤的伤。幸存下来的鸡也不能在房前屋后住了，鸡都躲进了茂密的丛林里以求生存。龙山岛茂密的翠林中，间或生长着一片片小竹林。春季，我们上山去拔小竹笋。在茂密的灌木丛中穿梭攀爬时，我曾意外地发现：在一处厚厚的落叶上，鸡产下的一窝窝鸡蛋，给我一次意外的惊喜！

　　龙山岛是一个很美丽的岛屿。当桃红叶绿，果实挂满枝头时，3 只猕猴嬉戏穿梭在果园里，采花觅果，攀树跃枝，果园里是一片狼藉景象。绿油油的菜园地荒芜了。春笋破土而出的时候，猴的一场嬉乐，给竹园里带来一片被劫掠的景象，富有乡村气息的龙山岛，让 3 只猴子折腾得鸡犬不宁。居住的人们要小心提防猴子溜进房间偷吃东西。一次，猴还将一瓶药偷吃了，大概药的味道不好吃，又吐了一地。管理人员住在海公祠的厢房里，每年冬季的晚上，3 只猴子就选在厢房顶上阁楼里居住，以躲避风寒。管理人员有苦难诉，晚上经常有猴尿"滴答"下来，还恼人地滴在床上。更令人头疼的是：3 只猴子经常在海公祠门前向游客索要食物。管理人员看到之后，自然要加以干涉，用棍棒驱逐它们。这时候，猴的本性就显露无遗。青砖黛瓦的海公祠门前有一棵枝叶繁茂的古樟树，3 只猴子被管理人员驱逐后，就爬到古樟树上，再跳到海公祠的屋顶，站在黑棱棱的瓦片之上，身体像陀螺般地转动，踢腿跺脚，将脚底下的瓦片掀翻下来，吹胡子瞪眼地向人示威，要给人们脸色看。1988 年 2 月，新建的海公祠两堵墙体先后倒塌了。事故原因是猴子揭掉瓦片后雨水渗漏所致。为了避免类似的事件发生，陈场长痛下决心，抓捕 3 只猴子。

抓捕 3 只猴子的计划，可以说与我的心思相契合。生活在西弯岛的威威令我害怕。我很希望能制服凶猛的威威，就经常想到在检疫期间，龙龙是威威的克星，它们之间是"君臣"关系。我有以猴治猴的成功经验，决定让龙龙去取代威威的地位，对此我充满期待。

抓捕 3 只猴子的工作，进展顺利。而当我押着 3 只猴子上小船时，龙龙却挣脱绳子逃跑了。我只好改变原计划，将两只雌猴送往北大岛放养，龙龙与两只雌猴分别了。

第四章　流动性雄猴

放养失败的种群

　　首批放养的种猴中有 3 只雄猴 4 只雌猴失踪。这样的结局让王教授开始总结经验教训，由于不能称王的雄猴会流失，与其流失，不如人为地选定猴王。王教授还根据猴群中的出生率推算出一只强壮雄猴可以满足 10—15 只雌猴的交配需求，保持正常生育率。在以后几批放养的猴子中，人为选定猴王与雌猴结合。

　　西弯岛上的威威，它属于人为选定的猴王，是猴王当中的另类，我称其为不称职的猴王。1992 年 3 月初，在浙江省的一次动物学术交流会上，我就写过一篇文章:《猴王性格的优劣是影响猕猴繁殖率的重要因素》。在这篇文章中，我将猴王分为三种类型：稳健型、温顺型和暴躁型。

　　稳健型的猴王凶猛威武，遇事沉着机警，竞争能力和统治能力都很强。这种类型的猴王比较专制，失败的雄猴很难在它的群体里生存下来。对猴王不忠或不服统治的雌猴，也要被猴王或众多的雌猴驱逐出去。群体中的等级很森严，地位高的雌猴，能经常得到猴王的主动交配。地位低的雌猴一般是主动去寻求机遇，在发情的时候，等候在猴王的经过之地，当猴王接近时，向猴王表示臣服，并观察猴王情绪的好坏，在确定猴王友善后，就露臀以示求爱。猴王对主动找它交配的雌猴一般不会拒绝。但地位低的雌猴，胆子也较小，有些雌猴不敢接近猴王或在猴王接近时就紧张地逃掉。猴群中繁殖主要依靠地位较高的雌猴。

温顺型的猴王胆子较小，遇事知难而退，性格平和，对雌猴很温和，地位低的雌猴也能亲近猴王。等级观念不强，个体之间比较随和。猴王对交配对象不太挑剔，随遇而安，群体中的繁殖率比较高。

暴躁型的猴王性情暴躁，凶猛好斗，经常横冲直撞去驱逐撕咬雌猴，这样的猴王没有凝聚力。雌猴对猴王恐惧，不敢亲近它，而失去交配机会，这造成群体中的繁殖率很低。饲养和管理上也很有难度，雌猴要等猴王吃饱离开后，它们才能进食，群体的猴子容易出逃，小猴死亡率也高。

通过竞争自然形成的猴王，它们的社会行为有以下特点，可称其为共性：

一、猴王对雌猴都表现得非常友善，不会严厉地去撕咬雌猴。通常对违规的雌猴瞪眼跺脚，言语警告，严厉一点就是驱逐违规的雌猴。更不会对示爱的雌猴实施暴力。换言之，一只雄猴只要有凶猛去撕咬雌猴的行为，就可以将它从猴王中排除。

二、猴王与雌猴之间接触紧密，无论是行动还是在原地玩耍，猴王都会在雌猴聚集的范围里活动，并与雌猴一同进食，不会单独行动和独自霸占喂养点。以此推断：单独行动的雄猴，就不会是猴王。

三、在遇到外来威胁时，猴王与雌猴齐心协力，群起而攻击之，共同保护领地和猴群的安全。猴王靠的是猴群这个团队势力，打败外来雄猴。单独与别的猴打斗的，就不会是猴王。

反观威威的行为表现，与自然形成猴王的共性有点格格不入，并反其道而行之。主要表现在以下几方面：

一、威威的暴力行为非常突出：威威不仅对人类具有极强的攻击性，对它的同伴也一样具有极强的攻击性，它经常像猛虎一样，凶猛地去追逐雌猴，逮住一只雌猴，就将雌猴狠咬一顿。在发情期，有的雌猴向威威示爱，并试图接近威威，威威把露臀示爱的雌猴，也如老鹰扑小鸡似的，抓住狠咬一顿，性情乖僻，暴戾至极。

二、威威与雌猴之间过着分居的生活：威威独来独往，经常沿着湖岸边徘徊，像尽职的巡边卫士。每每进食时，都独自霸占喂养点。雌猴对威威敬而远之，经常在山顶的树林里活动，进食要等威威离开喂养点之后才过来。

三、生育率低，小猴死亡率高：1987—1991 年，威威的猴群里共出生了 11 只小猴，包括新增的 3 只雌猴，年平均出生率不足 30%。对比雌猴数量基本上相当的北大岛猴群，1987—1991年共生育了 43 只小猴（不包括 86 年生育的 3 只小猴），云蒙主岛 1986—1990 年共生育 61 只小猴。两个猴群，年均出生率分别是 64% 和 59%。观察到幼崽死亡三例，西弯岛二例，云蒙主岛一例，北大岛无。

四、猴群发展很缓慢：截至 1991 年 10 月份，西弯岛猴群总数为 14 只，原种猴 6 只，新增了 8 只；北大岛总数量 53 只，原种猴数量 13 只，新增了 40 只；云蒙主岛总数量 75 只，原种猴数量 22 只，新增了 53 只。通过对比就可以发现，威威统领的猴群发展很缓慢。另外，我在观察中看到，放养在带鱼岛和航标岛上的雌猴分散流动到西弯岛上很频繁，而留下来的雌猴只有 3 只，大多经过短暂的停留后又流出。猴王威威没有凝聚力是显而易见的。

1987 年 9 月 20 日，在云蒙列岛中的一个岛被命名为西岛，也就是后来开放猴岛的所在地，放养猕猴 1 雄 9 雌。编号 60 的雄猴是人为选定的猴王。在放养之后，种猴都失踪了。我投放在喂养点上的食物，除了鸟和老鼠在吃之外，不见猴子食用。我无数次进入林中寻找，高大的马尾松树下是茂密的次生丛林，非常茂密，在其中穿行非常困难。在灌木丛中有猴子可采食的野栗子、橡子、乌饭子、野柿子和无数叫不上名的果实，但并没有发现有猴子活动过的痕迹。

这批猴子失踪后，去向不明。同年 11 月 20 日，陈场长接到开发公司——界首林场打来电话反映：林场驻地，有猴子屡次下山来偷吃职工种植的蔬菜。他们还提供了一个重要的信息：该猴脖子上分别佩有铝牌和铜牌，这是编号 60 的雄猴特有的标志，该雄猴从上海动物中心购来，原佩有一块铝牌，在放养到千岛湖猴岛之前，为了统一标牌，又戴上了铜牌。这也是第三批种猴特有的标志（第一、二批是佩铝牌），铜牌上刻有编号，这是猴的身份。11 月 25 日，又有许源乡的伐木工人向我反映，在水源乡源家坞口（与界首群岛同一方向），他们看到一只猴子，脖子上挂着牌子。在陈场长的带领下，我们还专门组织人员去实地寻找，访问知情人。

令人无法想象的是：西岛与界首林场相距几千米的湖水，编号 60 的雄猴如何能游出去呢？在猴岛建立之前，王教授曾与一些专家讨论过此事，认为猴子最多游过 100—200 米水面，60 号雄猴的行动，远远超出人们的预料。

1988 年 7 月初，放养在航标岛的 1 雄 8 雌，又出现相同的情况，编号为 90 的雄猴，从相距约 1000 米的航标岛，只身游到了云蒙主岛上，雌猴也先后离开了该岛。编号 132 的雄猴与 10 只雌猴，同时放养在云蒙主岛毗邻的带鱼岛上。编号 132 的雄猴，目光机警，神情威武且透着灵性，具有猴王灵灵的风范，是我非常看好的一只雄猴。它是人为选定的猴王。7 月 23 日，132 号雄猴却惨死在云蒙主岛喂养点下面的水边，头浸在水里。它遍体鳞伤，腹部被咬破一个洞，左后腿骨折。

这些人为选定的雄猴，为什么会离开原放养地去自寻死路呢？雄猴与雌猴在一起，按人类的思维是异性相吸，为何却两性相斥呢？若论武力，雌猴也对雄猴不构成威胁，雄猴为什么要只身出逃呢？

为什么人为选定的猴王自然放养后，带来的都是以上两种不成功结果呢？

我在观察中发现：雄猴之间的竞争是与雌猴形成互动的游戏，在竞争中激发"男女"之间的"爱慕"之情。雄猴能充分展示自己的优秀去赢得"芳心"；雌猴倾慕有担当、表现优秀的雄猴。竞争是"爱情"的媒介，让彼此陌生的"男女"敞开"心扉"，两情相悦走到一起，携手去面对外来的威胁和挑战，加深"男女"间的"爱慕"之情和互信关系，相互依从去建立和睦的"家庭"。

"君臣"之变

　　王教授是我尊敬的老师，他曾教导我说："猴王是通过武力打斗出来的，这在学术界也已经形成定义，是无可争议的。强壮的雄猴通过武力争斗，取得猴王地位，并获得交配权，猴王将优良的基因繁衍和传承下来，这是猕猴社会优胜劣汰的自然规律，课本上也是如此说的。"我原对这一科学定义深信不疑。但接下来发生的事情，让我对武力打斗之说，产生了强烈动摇。

　　1988 年 6 月初，逃脱的龙龙在龙山岛，又一次被捕获。我请县防疫站的人员对龙龙进行了必要的检疫，这项工作完成后，我还是按照原定计划把龙龙送往西弯岛上放养，让龙龙去打败威威，把威威淘汰，以绝后患！

　　6 月 7 日，清晨一场雨后，湖面上弥漫着一层薄薄的雾，在云雾缭绕中，云蒙列岛影影绰绰，展现出其神秘的一面。太阳出来后，薄雾渐渐散去，我驾着小船，将 50 号雄猴带到西弯岛。当我将猴笼里的 50 号雄猴放出来时，它很茫然地站在船头，两眼注视着西弯岛上和树林里活动的猴子，龙龙的神情变得很惶恐，决然没有离开小船之意。威威从树丛里钻出来，它慢悠悠地走到喂养点上，伫立在那里，凝视着小船上的龙龙。此时，龙龙惶恐地掉转身子，往船舱里躲去。这样的情况让我始料不及，我的计划眼看就要泡汤了，心里不由得着急，我手持木棒不停地驱赶龙龙，希望龙龙像过去一样打败威威。在木棒的驱赶之下，龙龙惶恐地跳上岸去，它沿着湖岸飞奔逃窜，如丧家之犬。此时，威威毛发耸立如猛虎一般向龙龙紧追而去。两只雄猴沿着湖岸一路狂奔，在威威的穷追之下，狼狈之极的龙龙，一纵身就跳进了湖里，我眼看着惊魂甫定的龙龙游上了对岸毗邻的云蒙主岛。自始至终，两只雄猴之间未有身体接触，在追逐与被追逐中，胜负已定。同是两只雄猴，在不同的领地上，原来的强者却变成了弱者，"君臣"关系逆转。

猕猴社会难以预料和充满变数的等级地位的决定因素显然不是武力。武力之说显然是一个伪命题！

龙龙游水来到云蒙主岛后的第二天，我在该岛喂养点投食，见到了龙龙。龙龙独自沿湖岸边抢先来到喂养点上来进食，狼吞虎咽一般将食物塞进两个颊囊。不一会儿，灵灵统领的猴群，就从山后面前呼后拥地朝猴房处奔跑而来。龙龙见势不妙，抓起两把玉米粒，边吃边往树林里逃去。当前来进食的群猴发现新来的龙龙，顿时高声喧哗起来，前呼后应，纷纷向龙龙逃离的方向追逐而去，猴群要对它实施武力攻击。猴群在一片树林里搜索，树上树下搜索的猴子们，喧哗吵闹着。它们还不时地围拢在猴王灵灵的跟前，"叽叽喳喳"地啼叫不停。

猕猴群体将一只新来的雄猴视为入侵者，全然处于敌对状态，攻击非常严厉。发现其行踪后，猴群彼此呼应，群起而攻之。在攻击过程中，群猴像围猎一样发出一片喧哗声，对攻击目标展开追逐、包抄、拦截，还在树上树下联动地展开搜索，要置新来的雄猴于死地。一只雄猴要在这种境遇中生存下来，十分考验这只雄猴的体力和快速反应能力。一旦被猴群围捕起来，就会被咬死。这是一种危险的游戏，龙龙为了躲避群猴的攻击，它行踪不定。我在北面设了一个喂养点，又在龙龙可能出现的地方投放了一些食物。一日，我驾船沿着岛屿巡查，来到一处幽静的山坳里时，远远看见龙龙独自站立在湖边，正凝视着我驾着的小船，小船驶近它时，它急不可耐地跳上船，抱着饲料桶，抓起大把的玉米粒往嘴里塞，狼吞虎咽，将两个颊囊塞得鼓鼓的才离去。

带鱼岛上还幸存 5 只雌猴，龙龙在云蒙主岛上被围攻之后，它不时跑到一水之隔的带鱼岛上。龙龙在带鱼岛上，俨然是一副猴王的派头，尾巴高翘起来，龙骧虎步称王称霸，独自霸占喂养点，雌猴若来就将它们驱逐出去。让我不解的是：龙龙在带鱼岛上作了短暂的停留后，它又会回到云蒙主岛上去自讨苦吃。

王教授原本就计划在带鱼岛上建立一个猴群，分流灵灵身边众多的雌猴。当带鱼岛上的猴群站稳脚跟后，它们侵入到云蒙主岛各自占领山头，这样就可以有效地利用主岛开阔的森林资源。为了贯彻王教授的意图，让龙龙留在带鱼岛与这里的雌猴形成猴群，我在云蒙主岛与带鱼岛水域上，用渔网隔离制造障碍以阻止灵灵统领众猴越境。我的做法却未能将龙龙留下来，带鱼岛显然是龙龙的避难所之一。

在云蒙主岛上，灵灵统领猴群在每个山头进行搜捕，对龙龙形成"严打"势头，为了生存下来，龙龙就玩失踪游戏，它会在北大岛和西弯岛上出现。西弯岛防备森严，威威经常在岸边巡查，当看到有避难者从水上游来时，它能第一时间发现，追逐着逃难者不让它上岸来。前有堵截，后有追兵，龙龙苦不堪言。一天，失踪后的龙龙忽然出现在北大岛，我在喂养点上投食后，龙龙率先来到喂养点进食。不一会儿，在北大岛生活的猴群从山坡的树林里奔跑着来到喂养点上。这里是山脊延绵出的一个岛礁，地形狭窄，猴群的到来切断了龙龙的退路。龙龙惶恐地朝我的船上跑来，目光不时看向我，寻求我的庇护。当群猴都埋头在喂养点进食时，龙龙神情诡异地沿着湖边偷偷地往树林里跑去。

龙龙在北大岛作短暂的逗留后，它又游泳回到云蒙主岛来。

猕猴群体对入侵者的攻击，开始是闻风而动、雷厉风行，攻击非常严厉。后来慢慢会形成一种疲缓态势。这时候，入侵者就有冒头的机会，当猴群聚集在喂养点进食时，龙龙在树上或在猴群的边缘亮相，试探猴群的反应。当猴群对它的到来视若无睹时，龙龙就试着进一步地去接近猴群，前去与分散在猴群边缘、地位低的雌猴跟前去进食。良好的开端往往潜藏着巨大的危机和风险。这些地位低的雌猴也不好惹，它们很排斥龙龙，看到龙龙的到来就吼叫。此时，龙龙就应该忍辱负重地逃离，但是它对雌猴有一个不友好的举动，譬如向雌猴瞪眼，武力惩治冒犯它的雌猴等等。受到威胁的雌猴也不是省油的灯，雌猴会发出"吱——唉唉……"的尖叫声，龙龙的"恶行"就会让猴群知晓，立即就会引来猴群的群体攻击。不仅如此，此后数天，猴群就会对龙龙进行报复性攻击、追逐、围攻，漫山遍野地搜索它……龙龙刚与猴群建立起来的友谊又回到原点，陷入了与猴群为敌的境地，为了躲避猴群的攻击，龙龙就潜逃到别的岛上暂避风头。龙龙的生活轨迹：与猴群接触—摩擦—被攻击—潜逃—又回到原点。一波未平，一波又起，龙龙总是过着四处逃难、居无定所的日子。

规则决定地位高低

1988 年 8 月 25 日，放养在航标岛编号 90 的雄猴（我管它叫航航），它孤身抵达了云蒙主岛，从航标岛远渡此地，其间要经过湖面相隔的鸟岛和威威占领的西弯岛，可谓是山重水复，颇费周折。初来乍到的航航，与猴群一同进餐，与身边的雌猴平起平坐，表现平静，与龙龙被攻击的情形大相径庭。我以为航航会比较顺利地加入到猴群里。

然而，航航的好日子，只是昙花一现。第二天，我看到龙龙与航航结伴而行，它们一前一后来到喂养点上。走在前面的

龙龙径直往上山的小路走去，航航惶恐地站在湖岸边，踌躇不前，望着向小路走去的龙龙。当龙龙来到撒有饲料的地方，停下来进食时，忽然，从山上下来几只雌猴，它们一起向龙龙吼叫，将龙龙逐了出去。龙龙离开进食点，往航航身边走去。航航看到龙龙朝身边走来，顿时惊慌失措，哀怜又夸张地做鬼脸，惊恐的眼睛四处张望，身体也扭动起来，脑袋像是要龟缩进肚子里去，一动不动站在原地。龙龙愤怒的目光凛然地怒视着航航，它来到航航身边，不由分说，尖嘴就咬住航航的身体，慢慢拉伸航航身体上的皮毛，当航航身体痛楚而扭动起来，并发出哀啼声时，龙龙也停止了对航航的处罚，转身又向原来的进食点走去。

龙龙在雌猴跟前受了气，它就拿航航出气，一报还一报。龙龙来此猴山时间早，资历老，它们既是"难兄难弟"也是"君臣"关系。两只雄猴很默契地上演了一曲曲"君臣"有别的滑稽戏：龙龙在航航跟前，目光威严，"龙威"毕露；航航则诚惶诚恐，它挨处罚时，夸张的动作表情，逆来顺受的样子，十分有趣，我常常因眼前的情形捧腹大笑！我不合时宜的笑声，似乎很是惹恼了航航，挨处罚的航航就向我猛扑过来，毛发耸立地向我吼叫着……

两只雄猴像猴山上的游侠一样，经常一前一后结伴同行。龙龙处罚航航的方式有：瞪眼、驱逐及撕咬等，用何种方式处罚有酌情而定的态势。譬如，雌猴们看到两只雄猴到来，吹胡子瞪眼地表示不欢迎，龙龙就转身向航航吹胡子瞪眼，向航航吼叫，上传下导，似乎都是"小弟"惹的祸；龙龙走在前面，半道上被群猴驱逐，龙龙也照着葫芦画瓢，驱逐航航来泄气。

当龙龙与雌猴们挨近了，或与雌猴一同进食时，雌猴忽然排斥龙龙，将龙龙驱逐出来，这很让龙龙愤愤难平，它就要拿航航来解气了。什么样的境遇下，用什么样的方式惩治航航，这里面很有讲究。

事实上，我认为这样的"君臣"规矩具有合理性：

一、一旦外来的雄猴对雌猴粗暴无礼，就会招来群体严厉的攻击，并被逐出这片领地，后果可谓非常严重。忍耐和克制，与雌猴建立友谊，是外来雄猴首先要学习的一种生存能力。

二、龙龙把航航当作出气筒，可以舒缓与雌猴之间的紧张关系，减少冲突。当龙龙处罚航航后，龙龙经常又会回到相同的地点，雌猴们对它的到来就会表现得很平静。

三、龙龙资格老，与猴群接触时间长，建立了一定的友谊，也有规避风险的经验。两只雄猴到喂养点来的时候，龙龙都走在前面，首当其冲成了群体攻击的矛头所指，无疑对新加入来的航航起到了庇护作用。

两只猴子一起同行，可以说是一个愿打，一个愿挨。被处罚的滋味毕竟不好受，我看到航航也试图逃避龙龙的处罚，当龙龙恼怒地向它走来时，航航就逃跑，不愿意接受处罚，这显然是违规的，这直接会导致两"兄弟"失和。在以后的行动中，龙龙不让航航在身边一起行动。每当航航跟随在龙龙身后时，龙龙便三步一回头，吹胡子瞪眼，凶猛地扑过去，将航航赶跑。为此，两只雄猴常常分了又合，合了又分。

龙龙与航航生活在云蒙主岛上，它们的境遇时好时坏，也可以说危机四伏，险象环生。龙龙在雌猴跟前受气，拿航航做出气筒，也仅是权宜之计。雌猴经常狐假虎威，仗势欺人。争强好胜的雄猴，经常忍无可忍。一次，龙龙走在小路上，在小路上就餐的雌猴，扬眉怒目地将龙龙逐跑，龙龙逃离时，雌猴还紧紧追逐着龙龙，一副不肯善罢甘休的样子。龙龙按捺不住，毛发耸立转身就向雌猴扑去，以示反抗。受到惊吓的雌猴不停地啼叫起来，龙龙的违规行为顿时激起了众怒，猴群喧哗吵闹着，群情激愤地追逐着两只逃窜的雄猴。一只雄猴违规，两只雄猴要共同受到处罚。短则三五天，长则十天半月，群猴会对违规雄猴展开全方位搜索性攻击，将它们驱逐出这片领地。这样的违规行为，两只雄猴屡屡违犯，灵灵统领的猴群也屡屡对它们发起群体性攻击。

龙龙在逃亡过程中，有过一次"艳遇"，它身边多了一只雌猴。两只猴子在云蒙主岛的北面生活一段时间后，我给它们单独设了一个喂养点。但好景不长，它们遭到猴群的攻击，一同逃离到北大岛，雌猴在北大岛定居下来，龙龙又回归单身生活。

两只雄猴分分合合，大难临头各自逃。我在观察日记中写道：1988 年 9 月 9 日，龙龙渡水到带鱼岛，并独占此处喂养点，在此居住的 5 只雌猴，在树林里观望，不敢与龙龙一同进食。航航不详，失踪已经几日。

9 月 14 日，航航在北大岛出现。它先来到喂养点上进食，神色很惶恐，大口地往嘴里塞玉米粒，当群猴从树林里前呼后拥跑来时，航航沿着湖边奔跑而去。

9 月 25 日，龙龙又回到主岛上，而航航又多日未见。

9 月 29 日，两只雄猴又到一起。我行船至猴房处，两只雄猴已候在喂养点上，未等船靠岸，就跳上船来，抢吃食物，狼吞虎咽。当它们听到南面的树林里有猴群奔跑前来的呼叫声后，立即仓皇逃窜。

1989年3月12日，航航逗留北大岛已经数日，龙龙忽然与它一同出现在北大岛，两只雄猴在北大岛又相聚了。我在喂养点投食后，回到小船上。两只雄猴抢先到喂养点进食，猴群开始从山上奔跑下来。龙龙惶恐地撤到小船边来，因为有我坐在小船上，显然较为安全。航航与猴群关系似乎比较密切，它试图留在喂养点上与到来的猴子们一同进食，但还是被猴群逐出了喂养点。航航被逐之后，它也朝小船边走来。此时，航航眼睛怒视着龙龙，一副高高在上的神态，令我咋舌的是：龙龙在航航的注视之下，惶恐之极，它的神态与航航接受惩罚时一样，夸张的鬼脸和扭捏的神态，欲逃不逃的样子。航航走到龙龙跟前，它以同样的处罚方式，在龙龙身上咬了一口，原来的"君臣"关系出现了逆转。

当两只雄猴重新回到云蒙主岛上时，龙龙却又位于航航之上，一样拿航航出气，航航一样甘心被处罚。在不同的领地上，雄猴的地位可高可低，它们自然而然地扮演不同角色，接受游戏规则。

雄猴之间犹如一盘散沙，雄猴在一起，可以和平共处，形同"铁哥们"，但只要雌猴参与进来，雄猴之间就会反目成仇。雌猴向着哪只雄猴，哪只雄猴就立马心高气傲，高高在上。一次，航航在雌猴身边进食，龙龙也来到此处，雌猴们显然不欢迎龙龙的到来，向龙龙吹胡子瞪眼地吼叫，龙龙却不肯离去，此时，航航猛然向龙龙扑去，要为雌猴打抱不平，在雌猴的助威声中，航航将龙龙打得屁滚尿流，仓皇逃窜。

淘 汰 不 称 职 的 猴 王

猴王威威镇守在西弯岛，异常凶猛。云蒙主岛与西弯岛的毗邻部分是延绵狭长的岛屿，龙龙和航航在这片岛屿上遭受猴群的攻击后，它们的退路只有游泳到西弯岛。威威经常在湖岸边来回巡查，这给两只潜逃中的雄猴增添了不少阻碍。为了避开威威在岸上的攻击，龙龙和航航跟威威捉迷藏，在水中看到威威拦截就游向别处。西弯岛有一处岛礁，在一处山脉的边缘，岛礁窄小，仅有几平方米，这里对威威来说，属于险境，它从不到岛礁上去拦截。龙龙与航航有了可乘之机。经常舍近求远，游到这片岛礁上。

威威与雌猴之间不团结，孤立无援。时间长了，龙龙和航航似乎看出威威的破绽，它们频频出现在西弯岛上，抢占喂养点，在西弯岛上游逛。一次，龙龙和航航在喂养点上进食时，威威从树林里钻出来，两只雄猴见势不妙，就沿着湖岸边离去。两只雄猴在奔跑时，它们看见威威只身追逐过来，立即放慢了脚步，并转身怒视着威威，毛发耸立发出低沉的"嘿嘿"的叫声。威威心虚地站在原地，两只雄猴看到威威孤身，它们联手向威威步步紧逼而去，摆明了要与威威决一死战。这时候，喜欢凑热闹的雌猴们从树上跳跃而来，在树上围观。威威进退两难之际，忽然神情一凛，毛发耸立，如狼似虎一样地向树上的雌猴追逐过去，它拿雌猴逞一下威风，找一个台阶下。

　　两只雄猴频频出入西弯岛，威威经常性失踪，它不再到喂养点等候我的到来。1991 年 11 月初的一天，凶猛的威威被打败了，它是以这样一种凄惨的景象出现在我的面前！那是一个晴朗的日子，秋高气爽。我和往日一样，驾着小船来到云蒙主岛猴房处。此时，喂养点上有些寂静，灵灵统领的猴群还未到来。我在喂养点上投食时，龙龙和航航从树林里走出来，抢先到喂养点上进食。我投完食，沿着小路要返回到小船上。突然，一只雄猴从树林钻出来，它来到小路上阻挡我的去路，愤怒地向我高声吼叫着……我定睛一看，竟然是威威。在此处相遇威威，我惊讶得有点难以置信，它遍体鳞伤，右眼的眼球已经脱落在眼眶外。它用那只没有被打瞎的眼睛，愤怒地瞪视着我，身体扑向前来，向我大吼大叫着……它在发泄心里的愤怒。我对威威至今心有余悸，它的一举一动令我害怕。我试图摆脱它，回到小船上；威威却步步紧逼，对我纠缠不休。

　　威威与我对峙时，它眼睛不时在看喂养点进食的龙龙和航航，当龙龙与航航朝吵闹不休的威威瞪眼时，威威立即退缩，一副胆战心惊的样子，惶恐地要往树林跑去。看到只是虚惊一场，威威又折返回来。我趁威威退缩之机，回到小船上。这时候，灵灵统领的猴群来到喂养点上，龙龙即从猴房门前的平台上撤下来。当龙龙走到小路上时，航航闪躲在路边要给龙龙让道，龙龙恼怒地在航航身上咬一口，以示泄愤。航航挨处罚后，它径直走到威威身边，在威威身上咬一口。当威威也挨了处罚以后，它立即往小船边跑来，毛发耸立向我大吼大叫着……此后，三只雄猴传导性报复时，威威就向我发泄，并形成惯例。在威威的眼里，我是它的手下败将，也是它眼中的老四。

　　威威之所以被打败，正如俗话说的："苍蝇不叮无缝的蛋。"
其中原因，我归纳为以下几个方面：

　　一、在自然环境里，猴王与雌猴之间是相互依附关系，当别
的雄猴侵入该领地，或遇到其他外来威胁时，它们团结一致去抵
御外来入侵，保卫领地和群体的安全。猴王威威不能与雌猴之间
和睦相处，相互过着分居式的生活，成了"孤家寡人"，它的势
力就弱，对入侵者不能形成强有力的威慑。

　　二、一个猴群的势力与数量成正比，数量越多，这个猴群就
越显强势，共同生活的雌猴不仅有安全感，底气也足。对外来雄
猴侵入和违规行为，敢于"较真"并制裁它们，起到监督制约
的作用，也为猴王的强势出击起到辅助作用，使猴王立于不败
之地；反之，种群数量少，势力弱，雌猴没有底气与强壮的雄猴
"较真"，无形中就助长了外来雄猴的士气，最终动摇猴王自身
的统治地位。

　　三、雄猴因体能、智力和个性上的差异，良莠不齐，能不能
胜任猴王这个角色需要遵循自然法则——优胜劣汰。

领 地 沦 陷 的 雌 猴 们

　　云蒙主岛与西弯岛上的猴群，一直以水为界，各自镇守自己
的领地，互不侵扰。威威被打败之后，灵灵统领的猴群侵入了西
弯岛，占领了这片领地。此后，当人们乘坐船只经过此地时，会

遇见集体出游的猴群，它们驮着小猴，携儿带女，在水中排成一条长队，蜿蜒前行，或竞技似的游过对岸。

原居住在西弯岛上的雌猴和小猴，在领地沦陷后，它们成了居无定所的流亡者。当灵灵统领猴群游泳到了西弯岛，占据它们的领地时。它们就逃离原来的领地，游泳到云蒙主岛上，你来我往，互换领地。在主岛的喂养点上，它们更加谨小慎微，三三两两出来吃一些食物，就回到树林里。它们的生活也很沉闷，无论栖息或一起走动时，它们都静悄悄的，相互之间没有打闹声。我曾在云蒙主岛的北面，增设了一个喂养点，试图将这群流离失所的弱势猴群引到北面。显然，这群猴子难离故土，它们始终待在离西弯岛较近的南面，不往北面去。当灵灵统领的猴群回到主岛上，它们就立即返回西弯岛。灵灵统领的猴群隔三岔五就会来到西弯岛上。

三只雄猴，不定期地出现在西弯岛上，单个的出现居多。成年的子代雄猴，也频频出入西弯岛，少则几天，多则一两个月就离开。各路雄猴来了又去，去了又来，像走马灯一样轮换着。雄猴与雌猴之间，相互地疏离。一些雌猴虽有生育，但繁殖率低，小猴死亡率高。这样的生活一直持续了很多年。我们曾试图将两群猴融合在一起，由于两群猴之间没有亲缘关系，猴王也年事已高，不能接纳新的"妻妾"加入进来，缺乏通婚的途径，两群猴仍各自为政。而幸存的几只猴，一直生活在猴群的边缘。

没有独立生存领地的猴群，也就相当于"殖民地"上的居民，从严格意义讲，它们不属于具有繁衍能力的种群：

一、它们有一个相似的地方：雌猴的"爱情"之门是紧闭着的，雌猴能一起群居，但不能接纳雄猴加入进来，也就是雌猴群居过程中，不能有我们俗称的猴王，雌猴没有与成年雄猴（猴王）通婚的自由。否则，它们就会遭到占领者的攻击，将它们驱逐出这片领地，或被置于死地；猕猴群体这一行为特性，显然是为了保护它们赖以生存的领地，不让别的猴群占领。客居在别的猴群领地上的雌猴，为了野外生存的需要及保护自身的安全，它们只能放弃"爱情"，与强势猴群合力，共同排斥来此定居的雄猴。

二、一个健全的猴群，小猴的成长不单单拥有猴妈妈保护，还有猴群这个大"家族"保护，它们共同抵御外来威胁，为小猴的健康成长创造一个良好生存的环境。而失去领地，无法定居的话，会经常受到外来强势猴群的侵扰，在逃亡和迁徙过程中，对小猴的安全构成极大的威胁，这可能是雌猴排斥雄猴，减少生育的另一个因素。我在动物房里就曾见过一例，关养在铁笼里的一只雌猴，它生育小猴后，小猴就遭到遗弃。

三、没有猴王，猴群就没有凝聚力。无法形成"团队"势力和战斗力，从而不能有效地抵御外来威胁和保护猴群的安全，小猴没有安全成长的生活环境，前景堪忧！

一个良性发展的猕猴群体，它们具有以下共性：

一、有独立的赖以生存的生活领地；

二、猴王与雌猴和睦相处，"家和万事兴"；

三、种群之间雄性个体能相互流动，形成一条生物链，这是保障猴群安全运行的外围势力。

第五章　千岛湖猴岛

短尾猴群与猕猴群

　　千岛湖猴岛，原名西岛猴群，这里猴群的形成与发展，称得上是猕猴社会的一部变幻莫测的风云史，其间充满变数，它们的结局又让人难以预料。

　　西岛由四个岛屿组成，面积约 0.05 平方公里。植被茂密，岛屿曲直回环，星罗棋布，岛中有湖，风景优美。低水位时，岛屿之间可以相连。当时，一位国内知名的动物学家建议开辟一个岛屿，把国内不同品种的猴子放养在一个岛上，供游人观赏。王教授利用西岛的有利地形，做了一个科学尝试。

　　1988 年 5 月 21 日，8 只藏酋猴（又名短尾猴）被放养到此处，1 雄 7 雌。雄性短尾猴，我给它取名叫黑大个。短尾猴被放养到西岛之后，出现了意想不到的事情：去年已经失踪多时的猕猴，忽然又冒出来了。这年 9 月，西岛又新增加了三只猕猴，它们是从别的猴群里流动过来的。其中一只年轻的雄性猕猴，看上去还很稚嫩，身体尚未发育成熟，也没有种猴放养的标识。显然，这是猴岛生育的子代猴，它后来成为猴王，我给它取名叫文文。

　　3 只猴子与原住猴相互疏离，原住的 4 只雌猴具有较明显的优势地位，走在队伍的前面，相互之间走动都比较紧密。它们率先来到喂养点上，很从容地坐在喂养点上进食。而尾随其后的3只猴子，与4只雌猴保持一定的距离，行动也比较分散，相互分离开来。当4只雌猴沿着裸露的湖畔走动时，3只猴子各自在树上跳跃跟踪。到喂养点来，也很小心谨慎的样子，目光闪烁不定，东张西望，在喂养点边缘捡吃食物。二十多天后，这种疏离的现象就消失了，它们结合在一起，形成了一个稳定的猕猴群体。

猕猴与短尾猴数量相当，而且短尾猴个头大，看上去非常强悍，按理说短尾猴应该占据优势地位。但令我感到不解的是：黑大个与妻妾十分畏惧生活在这里的7只猕猴。短尾猴在喂养点进食的时候，看到猕猴到来，它们就让出喂养点，躲进树林里。为了照顾短尾猴能吃到食物，我将短尾猴引到另一个岛屿上，设下喂养点。因岛屿之间水面相距近，猕猴来去自如，短尾猴看到猕猴跑过来抢占喂养点，它们就退避三舍，不敢越雷池一步。

短尾猴离开原生活的领地，猕猴如影随形。为了躲避猕猴群的追踪，短尾猴群经常变换生活领地，两个猴群就像捉迷藏一样，你来我往，互换生活的领地。有时，两群猴也混杂在一起走动，在一个喂养点上进食，相互亲近友好的样子，也看不到猴群之间有矛盾。我认为，通过长时间的磨合，两个不同品种的猴子就能在这片岛屿上一起生活。然而，1989年3月11日，在西岛生活了8个多月后，短尾猴群离开了西岛，游到航标岛上定居下来。

1989年4月28日，千岛湖猴岛又引进了10只短尾猴，3雄7雌。还是放养在西岛，3只雄猴个头大小不一，个头大的，我取名叫壮壮，另一只雄猴瘸腿，还有一只较年幼的雄猴。同年，西岛又陆续投放了福建产的 10 只红脸短尾猴及数量不等的豚尾猴、熊猴、长尾叶猴等。

在我的记忆中，长尾叶猴很温和友善，它们经常眼睛一眨不眨地看着我，嘴巴鼓成圆嘟嘟的样子，咂嘴、仰脸朝天转动身体，它们似乎向我倾诉什么。在放养的猴子当中，它们是较弱小的动物，躲藏在密林深处，几个月后，长尾叶猴失踪了。

与长尾叶猴一样，红脸短尾猴显得很焦虑，有独自行动的，也有两三只在一起行动的，我每天看到它们沿着湖岸线不停地行走，像不知疲倦的行客。有时，它们站立在水边，望着浩渺的江水，又往返在湖岸线上，不停地走啊走，它们像是在寻找回家的路，而江水茫茫，回家的路又在哪里呢？红脸短尾猴、豚尾猴、长尾叶猴先后都离开了西岛，去向不明。

1992 年，西岛正式对外开放，更名为千岛湖猴岛。其他岛屿上的猴群仍采用封闭式管理的方式作为科研用猴。

千岛湖猴岛开放之初，短尾猴数量就增加到了 20 余只，猕猴有 14 只。由于短尾猴群占据了西岛主要的生活区域，它们成为来西岛游览的游客主要观赏的动物。猕猴则过着"寄人篱下"的生活，它们在短尾猴群活动区域的边缘地带走动，猕猴是分散式行动的，有三五只一起行动，也有单独行动的，个体之间分分合合像一盘散沙。我们陆续从云蒙主岛与北大岛上捕捉了一些猴子，放养到西岛。但新放养的猕猴很难在此立足，纷纷逃离了该岛。我尝试着将新抓捕来的猴子先进行笼养，对新环境有一个熟悉的过程后，再进行放养。显然，这样比原放养方式有成效，猕猴数量增加到 20 多只。

人类无休止的侵扰和对动物不友善的举动，使人猴共处的不协调性和冲突逐渐显露出来，性情敦厚的短尾猴频频出现伤人事件。为了减少猴子伤人事件的发生，1997 年，我捕捉了短尾猴猴王壮壮和少数雌猴，将它们笼养，这大大削弱了短尾猴的势力。短尾猴的失势让散兵游勇似的猕猴开始聚集成群，占领原短尾猴活动的领地，猕猴数量达到了 35 只，并产生了猴王，我将猴王称作文文。四十天以后，我再次将羁押在笼里的猴子重新放出来，让猕猴群与短尾猴群在同一片领地上共同发展。经过一番处理，两群猴子势均力敌，达到了预期效果。然而，三个月后，两群猴子的均势局面被打破了，出现了让我难以预料的结果。

短尾猴群中有两只已长大成年的子代雄性短尾猴，身体非常强壮。"两兄弟"经常离开猴群独自外出走动。当猕猴与短尾猴两个猴群体发生摩擦和争斗时，"两兄弟"闻讯就发出"嗷嗷"的叫声，帮助母群共同抵御外来威胁，打败来犯者，为短尾猴猴群占据半壁江山，立下了汗马功劳。

两个猴群的较量，势均力敌。狡猾的猕猴看出了"两兄弟"有破绽，"两兄弟"外出单独活动时，猕猴群体就跟踪"两兄弟"，像平日游玩一样，声色不露，悄然跟进。短尾猴也有防范，武力驱逐跟踪在身后的猕猴，短尾猴个大，行动就较迟缓，猕猴灵巧敏捷，让身体强壮的短尾猴无计可施。猕猴群体就如同幽灵一样，让独自走动的短尾猴，捕捉不到又甩不掉。

猕猴群体眼看时机成熟，就开始形成包抄之势，在猴王文文的率领下，向单独行动的短尾猴发起攻击。短尾猴群对成年雄猴又不管不顾的，孤立无援，在猕猴发起一轮轮的进攻之下，短尾猴经常从山上退缩到山下，猕猴群体又将精疲力竭的短尾猴，往湖水里驱打，猴王文文带领着猴群守候在湖畔，不让落水猴子爬上岸，要上岸就一顿撕咬，将落水猴子往死里整。管理人员看到这样的情形，屡次将猕猴群体驱散，使陷于险境的短尾猴得以逃脱。最终，还是有两只非常强壮的短尾猴在文文率众跟踪围攻之下，相继淹死在水中。

两只强壮的雄性短尾猴死亡以后，进一步削弱了短尾猴的势力，短尾猴猴王壮壮孤立地保护众雌猴与年幼的子女，它们的活动范围越来越小，短尾猴的数量骤减至 13 只。管理人员只得将幸存的短尾猴抓捕到大铁笼里饲养。

这样的结果出乎我的意料。我心里隐隐作痛。我认识到，当人类按照自己的意志试图改变它们时，带给它们的却是毁灭性的灾难。

2005 年 8 月，千岛湖景区公司成立，云蒙列岛上的猴群由两家单位分管，旅游开放的千岛湖猴岛归属于景区公司；未开放的大片区域如北大岛、云蒙主岛、西弯岛和航标岛的猴群，仍由千岛湖林场负责喂养。我成为一名猴岛景点管理人员，景点工作繁忙，工作起来没日没夜的，可以说，我与猴结伴的时间超过了与家人在一起的时间，我见证了千岛湖猴岛发展的每一个时期，记录了猴群生活的点点滴滴，猴成为我最亲密的伙伴。

猴 王 的 智 慧 与 新 陈 代 谢

猴王文文，性情沉静，温和内敛，脸部表情古板，喜怒不形

于色，属沉默寡言的那种类型。文文的个头不大，性格上也缺乏
雄猴那种威武彪悍之气，看上去很文弱的样子，它很少在雌猴面
前示威，经常很沉静地坐在那里。文文与短尾猴交战时，它很好
地发挥了其性格方面的优势，不急不躁，淡定自如，在强敌面前
不露怯意。它以静制动，发起反击。很好地激发了猴群的斗志，
通过疲劳战术，将短尾猴打败，并置它们于死地，占领了西岛这
片领地。

　　我经常将文文称为"智慧猴王"。猴王与雌猴在一起亲密友
善，处理猴群内部事务，有张有弛，恩威并用；遇到外来威胁
时，有勇有谋，有责任和担当，按现在的语境说是高情商、高智
商。譬如，猴王与猴群一起行动时，它通常走在猴群中间，经常
瞻前顾后，照顾猴群的行动。当前方遇到外来威胁时，受到惊吓
的猴子会通过叫声或摇晃树木向猴群发出警报。猴王闻讯后，它
就有备而来，在树林里巡防四周，从不同的角度去打探情况，知
己知彼，或带领猴群共同抵御外来威胁，或保护猴群安全撤离
等。猴王处置是否得当显得尤为重要。它可以激发猴群的斗志，
稳定猴群秩序，给猴群带来安全感。如果猴王在处理突发事件时
出现慌乱或往后退缩，紧跟在猴王身后的雌猴就作鸟兽散，四处
溃逃，从而丧失斗志。注意观察猕猴的行为，你会发现猴王很爱
"面子"，行为谨慎，进退有序，即使遭遇不可抗拒的外来威胁
时，猴王表现得也极其镇定，它的尾巴高翘起来，威风凛凛地守
在猴群的后面，很高傲的样子，三步一回头，瞪着威胁者。当猴
群安全撤离后，猴王才会加快步伐，跟随猴群离去。临危不乱，
处变不惊，统领猴群宜守则守，宜攻则攻。

　　猴王有履行保护猴群安全、带领猴群共同抵御外来威胁之

责。猴王之所以强大，在于它的进攻性行动，这代表这个猴群的意愿。猴王是带领猴群在作战，它不会与一只雄猴去单打独斗。一只外来的雄猴想要单枪匹马地打败猴王，取而代之，是很难实现的。猴王的进攻方略可分为两种类型：主动型和稳健型。

主动型：年轻的猴王经常采用主动型攻击方式。即猴王遇到敌视的竞争对手，欲除之而后快，猴王就会发号施令，通过语言和肢体行为把对某猴的敌视性传导给群猴，带动群猴同仇敌忾，营造进攻氛围。猴王还找准一个爆发点，带领群猴出击，打败对手，或置对手于死地。

稳健型：年老的猴王经常采用稳健型攻击方式。猴王以静制动，对雄猴视而不见。当争强好胜的雄猴与雌猴发生摩擦和争斗时，就会犯众怒，这时猴王及时介入，带领猴群群起而攻之，严厉惩治违规者。猴王遵循"公众愤慨，猴王追究；雌猴不闹，猴王不究"这种稳健型进攻之策。

无论是主动型还是稳健型的攻击，猴王总是立于不败之地。群体性攻击，不单单是猴王与雌猴们参与，在猴群外围活动的雄猴也会共同参与攻击。雄猴们往往充当先锋和打手角色，帮助猴群打败对手，在猴群面前表现得很优秀，与猴群建立友谊。平日里，雄猴就像一盘散沙，谁惹事就自己扛着，事不关己，高高挂起。它们的立场总是站在雌猴一边，落井下石。

猴王是一夫多妻制，猴王与雌猴之间的性行为，根据猴王的不同年龄段，大体可分为：

一、猴群刚刚建立，年轻的猴王与雌猴处在"新婚"期，占有欲和统治欲强，猴王对身边雌猴的性行为管控很严，雌猴对猴王表现得很忠诚；

二、随着猴王年龄增长，体能下降，渐渐地满足不了雌猴的性欲之后，雌猴的忠诚度减弱，雌猴与其他雄猴暗地里有性行为，交媾之后各自走开；

三、猴王年老时，对性行为比较专一，经常与个别钟情的雌猴在一起，猴王对雌猴的性行为失去管控，雌猴的性行为趋于自由。

随着年龄的增长，雌猴与猴王有了儿女之后，在猴群里站稳了脚跟，有了自己的根基，对猴王的依附性变小，雌猴地位有很大的提高。猴王会逐渐退出管理猴群的内部事务，由雌猴当家作主。形成"男主外，女主内"的管理模式。

子女成长起来后，子代雄猴就会离开母群，雌猴留在母群。年轻的雌猴会吸引外来的雄猴前来"走婚"，并满足猴群中的性需求，填补猴王交配能力的减弱给种群带来的危机。不断前来"走婚"的雄猴，为猴群选择优秀的"女婿"，也就是人们俗称的"二王""三王"创造了条件，"二王"和"三王""入赘"，加入到猴群里，与子代雌猴结成"婚姻"关系，形成新陈代谢。

在选择"二王""三王"方面，雌猴是占主导地位的。它们严格的择偶程序，恰到好处地把综合素质表现优秀的雄性个体选拔出来。它们的程序一般是：流入的走婚雄猴，它们是入侵者，猕猴的"家族"性很强，排斥并不断群体攻击外来者，以检验这只雄猴在逆境下的生存能力。雄猴要获得雌猴的青睐，就要与雌猴保持交往和性接触，建立和加深友谊。雌猴以优势身份排斥"走婚"的雄猴，用恐吼和威吓的方式，仗势欺人，以检验雄猴的性格特征，以及对雌猴的宽容性，以防止与脾气暴躁、滥施武力、缺乏亲和力的雄猴结为配偶。当外来的雄猴与雌猴建立起友谊后，就可以"客居"在领地上，与猴群保持更多的接触。在猴群受到外来威胁时，雄猴要履行保护猴群安全之职，冲锋陷阵，在猴群面前充分展示自己的优秀。猴群里的成员对优秀者全然消除了敌意，它就融入到了猴群里，成为"入赘女婿"。猴群对"入赘女婿"有非常漫长和艰难的考察过程，一般都会经历两年以上的时间，才能得到猴群这个"大家庭"的认可。

在千岛湖猴岛的猴群中，红脸是继猴王文文之后，加入到猴群里的又一只雄猴，人们称之为"二王"。1997 年，红脸与别的流动雄猴一样，形单影只，经常独立行动，频繁地出现在猴群里，尝试着加入到猴群中。红脸性情很温和，在与雌猴接触过程中，表现出谦卑、胆小怕事的样子，雌猴向它瞪眼吼叫，红脸就会立即逃跑，也不与雌猴发生争斗。遭受猴群攻击之时，红脸经常游到西面的岛屿独自生活，我给它单独投点食物。它短则两三天，长则一二十天，又游回到猴群居住的岛屿上，接近猴群，与雌猴交流友谊。这样分分合合的生活一直持续了多年。2001 年 6 月，它独自待在西岸的岛屿上长达二十多天后回到了猴群里，平安地生存下来，并融入猴群里。

小将身体强壮威武，是继红脸之后，又一只进入求婚期的雄猴，它的经历与红脸大同小异，时常遭受群体的攻击，这只雄猴在求婚过程中的特点是：行为沉忍，不卑不亢，当众多的雌猴向它发出吼叫时，小将总是保持一种高傲的神态，尾巴高翘起来，一副威风凛凛的样子；走路也不紧不慢，一副从容淡定的神色。小将有一种气定神闲的神采，这让追逐来的猴子不敢轻举妄动。小将就独自坐在桥上，过一会，它又会回到游览区，小将没有像红脸一样独处，它经常在猴群外围活动。在猴群屡次对外攻击中，小将在参与猴群的行动中都很勇猛地履行保护猴群的职责。2005年，小将加入到了猴群里，成为"三王"。

熊 猴 笨 笨

在猕猴"家族"中，还有一位"外籍猴士"——熊猴笨笨。熊猴（Macaca assamensis）俗名蓉猴、阿萨姆猴，共有两个亚种，其中的一个亚种在我国有分布。熊猴比猕猴体型稍大些，毛色和形态与短尾猴相似。

1999 年 11 月，雄性熊猴笨笨原与一只雌猴一同来到千岛湖猴岛，我们将这对熊猴关在同一笼里饲养，让它们结为夫妇。雌猴非常消瘦，毛发稀疏，一副老态龙钟的样子。雄猴笨笨毛色光亮，身强体壮。笨笨对人为配对的"媳妇"表现得非常冷淡，对它不理不睬。一年后，雌猴死亡。笨笨又被关进一个大的笼舍里。生活在笼舍内的笨笨，表现得非常威猛，人一靠近它的笼舍，它就从格眼里伸出手来抓人，还要跟人打斗，它的行为一度让人感到畏惧。

2003 年 5 月，因笼养条件的限制，笨笨严重的营养不良。笨笨的身体十分瘦削，走路都跌跌撞撞，视力也极差。看到这种情况，人们才将它从笼舍内放出来。笨笨因身体非常虚弱，一次，它在日月池边走动时，掉进了水池里，是管理人员将它打捞上来的。猕猴群体对虚弱的笨笨十分包容，与它和平共处。猴山

上有座猴趣亭，在亭两侧的台阶下面有两处空地，能够遮风挡雨，这里便成了笨笨栖身的领地，人们在猴趣亭上投下食物，它就出来捡吃一些食物，没有食物时或吃饱后就回到窝里去坐卧，表现得很规矩。经过一年时间的休养生息，它体力和视力上都有了较为明显的恢复，笨笨有时也流露出争强好胜的本性，它因视力差，手脚笨拙，在争抢食物时，丢在它跟前的食物常被猕猴抢去，笨笨就吹胡子瞪眼地威吓争抢食物的猕猴。笨笨霸道的行径激起了猴群的愤怒，孤单的笨笨遭到猕猴群体排斥和攻击。一次，笨笨遭遇猕猴群体的激烈攻击之后在猴山上失踪了，管理人员查找它的下落时发现笨笨回到了原先生活过的故居——那座已经被废弃掉的笼舍。正如一首歌里唱的："外面的世界很精彩，外面的世界很无奈。"笨笨躲进笼舍里，也有太多的无奈。

2005 年 4 月，笨笨又遭遇了一场劫难：它被众多的猕猴撕咬，臀部被咬开一个大口子，一大块肉掉了下来，走路都极困难。在自然环境里，猴有极强的自我疗伤能力，笨笨也不例外，它的伤口很快愈合并恢复如初。

"不打不相识"，笨笨自从臀部被咬伤以后，它与猕猴之间的关系就有了很大的改善，开始融入猕猴群体里，成为猕猴"家族"的一员。那么，笨笨是如何与猕猴群体建立友谊，和平共处的呢？

笨笨很讲"义气"，它经常像猴王一样履行保卫猴群安全之责，猴群受到外来威胁时，笨笨就会冲在前头，与猴王并肩战斗，表现得非常凶悍。在临危之际，猴群有时会如一阵风似的逃离，笨笨却非常勇敢，它经常不顾一切地冲上前去，保卫小猴和残疾猴安全撤离。一次，我途经废弃的笼舍之地时，一帮小猴正在废弃的笼舍顶部玩耍，笨笨也坐在笼舍上栖息。猴笼的缝隙疏密不一，小猴顽皮地从一些缝隙中进进出出。当我忽然出现在它们面前时，小猴们惊吓不已，钻进笼内的一只小猴找不到原先的出处，在笼内"吱吱"地叫，四处乱窜。笨笨站在铁笼边，竖起毛发，怒不可遏地向我高声吼叫着。当我试图走近笼舍时，笨笨暴怒起来，它从笼舍上俯冲下来，非常凶猛。在我后撤一大截后，笨笨迅速爬上笼舍顶部，身体紧贴在笼舍上，向小猴啼叫着，当笼内小猴跳到它的下面时，笨笨以惊人的力量，掰开笼舍的钢筋，让小猴从掰开的缝隙中逃走。笨笨力量之大，让我看得目瞪口呆。

雄性猕猴是典型的大"男子"主义者，恃强凌弱，争强好斗，盛怒之下也常撕咬小猴，令小猴敬而远之。猴妈妈对身体强壮的雄猴也会心怀戒备，看到强壮的雄猴到来时，猴妈妈就会抱着小猴离开。笨笨非常有爱心，遇见小猴，神情就变得非常温和，它充满慈爱的目光会久久凝视小猴，与小猴目光交流。笨笨的和蔼可亲让小猴无拘无束，小猴经常三五成群地在它身边玩耍，在它身上攀爬。笨笨喜欢将幼猴抱在怀里，嘴巴咂动得像打寒战一样，一遍遍舔吻小猴的身体，还不停地发出"哼哼"的啼声，慈祥和蔼的样子如慈父一般。它也会像猴妈妈一样抱着小猴行走，让小猴骑在背上或吊在腹下，还用爪揽住小猴，不让小猴从自己的身体上掉下来。

幼崽是猴妈妈的"心肝宝贝"。猴妈妈害怕幼崽受到伤害，不放心别的猴的看管，看到别的猴妈妈抱了自己的小崽，就会怒目相对。熊猴笨笨却常常因为小崽的事情违规。一次，笨笨坐在池边栖息，一只小猴崽在猴妈妈跟前玩耍，猴妈妈一时疏忽，小幼崽摇摇晃晃跑到笨笨身边来。笨笨将小猴崽抱在怀里，它像猴妈妈一样轻轻地抚摸小猴崽，亲吻小猴的身体。当粗心的猴妈妈发现笨笨抱着自己的猴崽时非常着急，对着笨笨不停地"吱吱"叫着，想要抱回自己的小幼崽。笨笨却视而不见，只顾着与怀里的小猴崽玩耍。着急的猴妈妈上来拍打笨笨的身体，抓扯它的毛发。笨笨很霸道，吹胡子瞪眼吓唬猴妈妈，不让猴妈妈近前。后来，小猴崽要找猴妈妈，笨笨才放手，用慈爱的目光看着小猴回到猴妈妈的怀抱里。

我很喜欢笨笨，平日里经常给笨笨一些食物，笨笨也常常向我索要食物。在树林玩耍的笨笨，见我向它招招手，就能领悟我的用意，它会尾随我到驻地，在门外等候我给它些食物。我用同样的方法试验猕猴，猕猴则没有这样的悟性。可以说，我与笨笨相处得很好。但友情归友情，对我冒犯猴群的举动，笨笨也一样对我毫不留情。一次，一只身体虚弱且有残疾的小猴到池边喝水掉进池里，它如何挣扎也不能上岸，我就用网兜将它从水池里打捞上来，我的善举，在猴的眼里分明是伤害了幼猴，笨笨为阻止我，屡次向我发起攻击。事后，笨笨显然没有平息对我的怒气，我走到哪里，笨笨都追在我的身后，向我吼叫不停。

　　笨笨在与猕猴群体的共同生活中，它表现得也非常友善，常常安静地待在一处，看上去有点孤独，雌猴也经常到它身边来给它理毛。除了在争抢食物时，笨笨会发怒，吓唬与它争抢食物的猴子，平日里，它从不与雌猴发生争斗，也不介入猴群内部的争斗，别的猴向它挑衅时，它就处于防守地位，保持一种威势，不让对方攻击，也从来不恃强凌弱。笨笨在猴群里的地位，与红脸、小将大体相同，相互之间互不干扰。在发情期，笨笨也具有交配权，但笨笨很少主动地去追逐雌猴，而是雌猴主动向它示爱。笨笨与雌性猕猴交配生育的子女，我们称为"熊女"的雌猴，如今已是猴妈妈了。

猴 群 里 的 雌 猴 们

　　随着猴群繁衍和发展，一个猴群的内部结构就会发生一些变化。小群体类似于"家庭"模式，猴王是一家之长，负责仲裁猴群内部事务；雌猴负责生儿育女，繁衍子孙。在猴群里，子女只知其母不知其父，具有血缘关系的母系成员接触亲密，经常在一起相互理毛，一起管护小猴，像一个个"小家族"一样。当"家族"中的成员被别的猴欺凌时，家族中的长者就会出面打抱不平，形成各自"母系小家族"势力，雌猴的地位就有了很大的提高。猴群中有 n 个家族。每一个母系家族，又分为若干个母子单元。个体之间的争斗，往往形成母系家族之间的争斗。猴王与后加入的雄猴在猴群里反而成为弱者，它们在解决猴群内部纷争时就显得力不从心，这就意味着让出部分权力，让母系中的长者和猴妈妈共同管理猴群内部事务，它们在猴群中具有权威性。它们通过权威性协调和母系势力的博弈，获得平衡，达到和平共处的目的。

千岛湖猴岛母系家族中的长者有：乌脸、高额、黑毛、铃子、叶子、花脐、美毛、破鼻、美美、独眼、大嘴、瘤子、豹眼等。它们分为三个阶层：最高阶层是雌猴乌脸，在处置猴群内部事务中，它实际上是处于统治地位的。它能弹压猴群内部的争端，以及对违规的雄猴进行处罚。其次是管理事务性阶层，有高额、黑毛、铃子、叶子、花脐、美毛、破鼻、美美、独眼、大嘴、瘤子、豹眼等雌猴，它们是雌猴中的长者，儿孙众多，是一个"家族"势力的代表，也是猴群中最活跃的群体。当它的子女或具有血缘关系的亲属受到别的猴威胁和欺凌时，身为长者的它们，就会挺身而出，担当保护自己儿女和亲属的重任。因此，在不同的打斗场合，几乎都能见到它们的身影。挑起争端、参与争斗，以长者的身份，管理成长起来的年轻雄猴。它们对违规者，通过大吼、武力争斗等方式来处理。猴群推出有威望的雌猴，共同治理猴群内部事务，形成良好的公共秩序。它们是具有权威性的内部事务的管理者。

在管理事务性阶层的雌猴当中，又以高额的地位最高，它是乌脸的爱女，女以母贵。高额性情沉静敦厚，很少与别的猴子发生冲突，过着养尊处优的生活。美毛虽地位低于高额，但两猴的性情颇有相似之处，都比较沉稳敦厚，行为低调，与别的猴都相处的较为友善，很少发生争斗。

黑毛与铃子两只雌猴与乌脸交往较密，从脸部看，它们之间像是有某种血缘关系。乌脸与高额带着一帮小猴，经常占据食物较丰富的猴趣亭，黑毛有时也进来与它们平起平坐。在猴群中，这是一种殊荣，因为别的雌猴只能在边上观望，或在一旁争抢到一点食物就跑开。其他雄性统领者文文、红脸和小将，都对乌脸敬而远之，而黑毛则能安然入座，与它们一起分享食物，显示了它具有特殊的身份地位。在抢食过程中，它的行为较为拘谨，高额去争抢，它就退让一旁，将食物礼让给高额。黑毛在猴群里表现比较活跃，强势地位也十分明显。在猴群发生内部纷争时，它的介入能将弱势者转为强势，还能弹压驱散众猴的纷争，平息事端，起到仲裁内部纷争的作用。美美原也属于这类型，能够权威地管理猴群内部事务。而文文死后，美美年龄偏大，身体消瘦，一副老态龙钟的样子，它的权势地位已经有所下降。它没有过去活跃，较少参与争斗，经常独自行走，看上去很孤独。

铃子是一只个头小，看似十分不起眼的猴子。它遇见管理人员的时候，还经常发出"唉唉"的怪叫。在栖息时，铃子经常带着子女与高额的子女一起嬉闹玩耍，两猴关系很亲密。在猴群里，它与别的猴争斗时，如同杀手一般，无需语言助攻就将别的猴子痛咬一顿，显示出它有很高的权威。

叶子、花脐、破鼻、独眼、大嘴、瘤子、豹眼等猴子，都属于抗争型，这些雌猴在猴群中表现得十分活跃，经常挑起事端，参与各种打斗。但是，它们的威望又不足以令对方屈服，打斗双方经常呈胶着状态，面对强壮的雄猴，也勇于应对和挑战，对威胁和侵害猴群安全的猴子发出警告，起到承上启下管理和约束年轻雄猴的作用，它们是猴群维持正常秩序的督察者。

闹闹、苗苗、白内障猴、圈圈、静子、安安等都是地位较低的雌猴。闹闹性情有点矫情，遇事就"哇哇"地啼叫，哭丧着脸，一副郁闷的样子，它已经做了祖母；苗苗则胆小怕事，眼睛四处瞟，很机警，遇事就逃；白内障猴很文静，它经常安静地待在一处。

圈圈是外来猴，它有着不平凡的身世。2006 年 9 月的一天傍晚，猴岛上的管理人员乘坐小船行驶在云蒙主岛一带，发现江面上有猴子在向 2000 米以外的江岸方向游去，小船驶近游水的猴子时看到：一只猴妈妈驮着幼猴，身边还跟了一只年幼的小猴。当猴看到小船驶来后，猴妈妈又游回了出发地——云蒙主岛，小猴却在水中被管理人员逮住了，管理人员将小猴带回了猴岛。这是一只两岁多的雌猴，年幼的小猴非常可爱，管理人员为小猴套了个圈圈，用绳子牵着带在身边，从此以后，人们就叫它"圈圈"。两个月后，圈圈获得了自由，它成功地融入猴群。2011 年，圈圈已是两个孩子的妈妈了，它很活泼，经常在人群里走动，与人也比较亲近。一次，它生育的小猴在池边喝水，身体倒吊在池沿上，样子十分可爱。我走近池边时，圈圈向我扑来，非常凶猛地向我吼叫，它是为了保护自己的孩子。当喝水的小猴离开池边时，圈圈就平静下来。它离去时频频向我龇牙，作为冒犯我的一种礼节性补偿。

圈圈在猴群里像小媳妇一样，看到长者来了，它经常要回避，它要看长者的眼色行事。静子、安安交际面广，它们在长者面前，能安分地坐在一边。

雌猴的管理职能：

一、垄断话语权：雄性猕猴通常沉默寡言，它们的语言也很单调，经常使用一些进攻性语言，如"嘿嘿嘿"的叫声。雌猴则喧哗好动，经常发出各种各样的叫声，向猴群传达它的意思、遭遇到的威胁，呼唤"朋友"进攻对方，为"朋友"打抱不平；保护小猴的安全；申斥违规的雄猴，响应公众的号令；对违规者群起而攻之，为统领者助威等。雌猴的叫声具有天然的正当性，如雌猴为了保护自己的小猴，会通过语言与强敌抗争，唤起公众的响应，共同抗击强敌。雌猴的叫声能获得猴群的关注和响应，而雄猴发出雌猴一样的叫声，则是示弱的表现。

二、抱团：雌猴之间组织严密，相互间联系紧密，经常以抱团和互助的方式抗击强者。雄猴则各自为战，为了获得雌猴的青睐，它们总是站在雌猴一边，为雌猴打抱不平。

三、拥有家族势力：若是一只雄猴挑衅一只雌猴，雌猴的子女和亲友往往会一起上阵，年幼的小猴也会跟着猴妈妈一起对抗强敌。而雄猴却不能获得别的猴的支持。

四、对外来雄猴的行为起到监督和防范的作用。一旦有猴子违规，雌猴通过叫声向猴群通风报信，通过猴群的势力对违规者实施制裁，或将违规者驱逐出境。

内　当　家

　　2005 年 10 月，因工作关系，我来到了海南南湾猴岛与猴岛工作人员进行交流，一位工作人员对我说："猴子其实是很讲道理的。"我深以为然！与猴子接触时间长了，你就会感受到猴子讲道理。譬如，管理人员毫不掩饰对猴王文文的喜爱，它很文静也很规矩，人们给它食物就接，不给它食物就离开，从不招谁惹谁。只有在猴群遇到外来威胁时，猴王才会挺身而出，履行保护猴群安全的职责。从游人手中抢夺食物的猴子，通常是由于地位低，为境遇所迫，它看中的美食也会被地位高的猴子盯上，马上会跑过来索要，到嘴的美食就会失去，为了获得美食就先下手为

强，也是为生活所迫。地位高的猴子可以淡定地等待游人给的食物，不害怕别的猴子来争抢，它们就很守规矩，猴子地位高素质也高。当我从猴子身边走过时，一些猴子会礼节性地龇牙，对我表示友好，并安静地坐在原地让我通过。但路过的时候，如果我的眼睛去瞪有"礼貌"的猴子的话，那就是我违规了，它们就不会再"礼貌"了。如果你威胁和招惹雌猴，雌猴会忍让，不跟你计较。但是如果你招惹它的孩子的话，雌猴的反应就会很激烈。如果猴子知道过错的话，除了逃避你的责罚，它们遇见你的时候，还会用温和的目光注视你，向你龇牙，寻求和你达成谅解……

猕猴社会具有较强隐秘性和迷惑性，从一个个表面现象就去下结论，往往会得出似是而非的结果。

猴王与雌猴是相互依靠、共同面对生活的伴侣。雌猴不是被统治者，也不是生活中的弱者，它们是生活中的强者。雌猴也可以在猴群里"出人头地"，与猴王相提并论成为统治者，甚至在猴群内部事务中具有权威性。姣姣、乌脸就是雌猴当中的佼佼者。在千岛湖猴岛，乌脸的地位最为显赫，我们经常称它为"女王"，因人们不容易接受雌猴为猴王，故又称它为"皇太后"。

乌脸是一位内当家，霸气十足，具有很高的权威性。它在群猴面前那种威严，文文与之相比要相形见绌。乌脸走到别的猴子跟前，别的猴子表现得很拘谨，向它龇牙，彬彬有礼，看它的脸色行事，给它让道，小心翼翼地侍立一旁，让它从身边经过。乌脸受到的礼遇比猴王文文有过之而无不及。文文性情随和，雌猴看到文文到来，像是和同伴之间交往一样，平和而随性。

在猴群里，雌猴生育了子女，还有孙子女，母系血统就形成了家族势力，辈分高的地位也高，这些有权有势的雌猴，对乌脸敬畏有加。如嬉脸、黑毛、铃子、叶子、花脐、美毛、破鼻、美美、独眼等，这些雌猴是祖母级的，地位极高。当家族中的成员被别的猴子欺侮时，这些长者就会出面打抱不平，个体之间的争斗往往很容易引发家族间（群体）的对抗，母系中的长者经常陷入各种摩擦和争斗中。这种内部争斗，或因为裁决不公，对裁决者不服就纠缠不休，让裁决者骑虎难下。雄猴红脸、小将虽然是"二王"和"三王"，在猴群里也算有头有脸，但是"清官难断家务事"。雌猴仗着"小家族"势力，处置不公，雄猴红脸、小将反而引火上身，自讨没趣。猴王文文对内部纷争，也是"睁一只眼，闭一只眼"，对于不该插手的事就绕道走。年轻的"三王"小将，它行事鲁莽。一次，在猴趣亭边，因一只年轻的猴子被欺侮了，它不甘心地"吱吱"尖叫起来，招呼亲友助阵。结果两边亲友打起了群架。它们相互叫阵，喧哗吵闹着，小将不知轻重，它冲进猴群里，驱逐两边叫阵的猴子，试图让它们安静下来。被驱赶到一边的猴子不服，围着小将大吼大叫，将斗争矛头指向了小将。小将扑向为首的雌猴，将雌猴驱赶到树上，五六只猴子也上了树，它们在树上跳跃着，从四面围着小将吼叫不休，小将东冲西突，忙乎了好一阵子，也没有驱散它们。最后，小将灰溜溜地离去了。

在处理这种棘手的内部纷争时，乌脸表现得很霸气。乌脸对违规者无须语言助攻，扑上去抱住违规者就是一阵痛咬，雷厉风行，把纷争平息下来。乌脸惩治的对象，大多是一些地位很高的雌猴。这些雌猴有身份有地位，当它们被别的猴子欺侮的时候，经常会表现出激烈的情绪，向欺侮者大吼大叫，纠缠不休。乌脸的权威性就表现在：被它武力惩治的雌猴，再难缠的主，也都是灰溜溜地逃走，一路哀啼而去，不敢回头或做对抗性的行为，通俗一点说：半点脾气也没有。

那些被乌脸严厉惩治的雌猴，逃跑之后就躺在地上，好半天都缓不过神来一样，有的发出呻吟声，有的就四仰八叉地静静地躺着，像死过去一样。一次，铃子被乌脸痛咬后，它躺在树丛里，发出"唉唉"的哀啼声，好半天也没缓过神来；美美被惩罚之后，它躺在游步道边的树丛里，人来人往，它一动也不动地暗自伤心。

2010年3月的一天，一些游客带着美食来游览区投食，乌脸带着"家人"前来，猴子们纷纷散去，小将不懂规矩，贸然地将一个苹果抢去了，乌脸非常恼火，它扑上去抱住小将，就将它一顿痛咬。小将在挣脱过程中，在山坡上栽了好几个跟头，丢下到口的美食，仓皇地逃离。被乌脸惩罚的滋味显然不好受，气愤难捺的小将，它又怒气冲冲地返回来，扑向乌脸的爱女高额，在高额身上猛拍一巴掌，以示报复。高额猝不及防，一下惊跳起来。小将逃离而去，此举显然捅了马蜂窝，乌脸统领儿女向小将追逐而去。

小将这种举动，在猴社会也很多见。闹闹也有这样不好的表现。一次，闹闹被一只雌猴欺侮了，逃离之后，气愤难捺又转身回来，在雌猴的子女身上拍打出气，此举惹怒雌猴，导致雌猴追逐闹闹报复。

猴社会这种报复与反报复的事情很多，它们浮躁，也易冲动。相互理毛是平息冲动、交流感情、增强互信的一种好的方式。乌脸也有非常友善的一面，它很乐意为别的雌猴理毛，在一起栖息的时候几乎闲不住，它会静静地走到别的雌猴身边，给它们理毛。在理毛的时候，乌脸神情专注，非常细致。乌脸选择的理毛对象，是不分地位高低的，一些地位较低的雌猴，神色惶恐地站在那里，乌脸全然不理会对方不安的神情，埋头理毛，很是柔情，被理毛者很快全身心放松下来，舒服地躺在地上，享受理毛带来的快乐。乌脸很少给雄性猕猴理毛，只有在发情期，作为一种"爱情"攻势，给自己正在追求的雄猴理毛。

乌脸在猴群里具有极高的权威性，但与雄猴打交道时，显然缺乏猴王文文那种威慑力，那些在外围活动的雄猴，不时到猴群里来走动，在乌脸身边去晃悠，也颇为淡定。看到猴王文文来了，在猴群晃悠的雄猴就不淡定了，纷纷躲避。红脸与小将对乌脸颇不屑一顾，不刻意地去回避，与乌脸似无交集。对文文却不同，它们看到文文走来，就很规矩地给文文让道，在履行保护猴群安全时，也唯文文的马首是瞻。在文文得病期间，平常不给别的猴子理毛的红脸与小将，却一反常态屡次给文文理毛。熊猴笨笨在乌脸面前我行我素，从不把它放在眼里，对猴王文文却能服服帖帖。猴王文文与乌脸之间是"男主外，女主内"的管理模式。

老 年 猴 王

在人们的认识中，猴王一定是健壮威武、尾巴高翘起来的。其实，翘尾巴与权势之间，没有内在的联系。雄猴翘尾巴是处于高度戒备状态下的一种防御行为，也是炫耀武力，向公众示威，表示富有攻击性和加强威慑力的姿态。它向别的猴子发出这样的警示：它不好欺侮，不要去冒犯它。翘尾巴的雄猴，通常性

情比较暴躁，锱铢必较，争强好斗。这也说明：它与猴群之间的关系已经趋于紧张状态，自身缺乏安全感，是猴群中"不受待见"者，它是被群体排斥、孤立，遭受群体攻击的对象。可见，翘尾巴是不好的表现，人类也经常告诫年轻人说：不要"翘尾巴"。

2005 年 6 月，文文得了一场大病后腿部有些瘫痪，走路也跌跌撞撞，身体瘦弱，一副萎靡不振的样子，人们根本无法将它与猴王的身份联系在一起。来千岛湖猴岛游览的游客，经常会问管理人员："哪只是猴王？"一次，我指着猴王文文对游客说："它就是猴王。"那位观猴的游客看到文文后，不屑地说："看来你是不懂猴子的，谁都知道，猴王是非常强壮的，是打出来的。它哪像猴王！"我哑然。一位领导在人们的陪同下，来猴岛游览，人们对他说我懂猴子。于是，那位领导问我："哪一只是猴王？"我指着正在一处走动的文文说："它就是猴王。"那位领导未等我往下说，就面露不悦，转身离去。类似的事情，我和同事碰到过很多。因为，在猴岛工作的管理人员无法改变人们对猴王传统的认识，甚至以为我们是在敷衍他们。以后，游人问到猴王，同事就会调侃地说："猴王不在，开会去了。"或说"猴王休息去了"。为了博得游客的认同，少费口舌，就顺着游客的说辞：猴王是打架打出来的，猴王翘尾巴，个体很大等。

文文为什么是猴王呢？它主要表现在以下几个方面：

一、雄猴与雌猴相处，它们之间的融洽性，从一些细节上看，会反映出一只雄猴在猴群里的处境和地位。红脸、小将与雌猴相处就不够融洽，不时会发生一些小摩擦，雌猴在它们跟前大吼大叫，不满它们的所作所为。雌猴在争斗中，求助红脸和小将时，不能使对方信服，得不到庇护，缺乏威严和权威性。猴王文文与雌猴之间能始终保持亲密友好的关系，没有摩擦，也看不到雌猴在猴王文文跟前大吼大叫。相反，雌猴对文文的到来，经常有礼节性龇牙，这类似于人类的微笑，是一种礼节。

二、猴群发生摩擦和争斗时，红脸和小将没有能力去解决争端，弹压违规的猴子。猴王文文却能不动声色地将违规者慑服，最能体现猴王文文权威性之处的是惩治熊猴笨笨的违规行为。熊猴笨笨身体强壮，个头比猴王文文大得多。笨笨与小猴虽然友善，但在争抢食物时，小猴经常招惹笨笨。小猴机灵，眼疾手快；笨笨因为笨手笨脚，反应慢，它与小猴争抢美食时，小猴总是占尽先机把美食抢去了。这时候，笨笨就吹胡子瞪眼地驱逐身边的小猴，将小猴赶跑，要独占美食。笨笨对小猴粗暴和霸道的行为，自然引来担当监护责任的猴妈妈愤愤不平。出于保护小猴的目的，猴妈妈三五成群地与熊猴笨笨对峙，喧哗吵闹，发生争斗。笨笨与雌猴之间大吵大闹、纠缠不休时，权威者就会参与进来主持公道。红脸、小将还有威望极高的乌脸在解决摩擦争斗时，它们自然是站在雌猴这边，笨笨不服，在它们面前就不甘示弱，红脸、小将与乌脸联手与笨笨较量，双方你争我抢，互不相让，这反而激化了摩擦和冲突，真是越帮越乱。此时，瘦弱的猴王文文闻讯赶来，气焰嚣张的笨笨立即就泄气，像做错事的孩子逃避家长的责罚一样，耷拉着脑袋就要离开此地。违规就要受处罚，逃避是不行的。猴王文文处罚笨笨的方式温文尔雅、极具个性：笨笨逃离后，文文就紧跟在笨笨身后，笨笨一副惶恐的神色，它一边走，一边回头，向跟在身后的文文不停地龇牙，试图取得猴王文文的谅解。有时文文也网开一面，从笨笨身后走开，不予深究。有时文文紧紧跟随在笨笨身后，说明笨笨无法获得谅解，笨笨只得止步，面对猴王文文神情惶恐地坐下来，自愿接受处罚。猴王对笨笨的处罚过程在平和的气氛中进行，猴王文文坐在笨笨身边，像与笨笨促膝交谈一样，将笨笨的一只胳膊拽过来，嘴巴咬合在笨笨的胳膊上，眼睛会一直看着笨笨，当笨笨感到疼痛，龇牙咧嘴，身体剧烈地扭动起来时，文文的处罚也告结束，转身离去。处罚与被处罚者之间没有吵闹，处罚的深浅也掌握得恰到好处。

三、猴王文文在猴群里走动时，红脸和小将迎面遇到文文，它们就会回避，给文文让道。猴群受到外来威胁时，猴王与有身份的雄猴有履行保护猴群安全之责，要站在最前面。它们的站队方式，也是尊卑有序。猴王文文经常冲在最前面，依次是红脸和小将，3只雄猴并排站立时，也是文文居中，两只雄猴左右相从，它们会不时看看猴王文文，看它的眼色行事，唯它的马首是瞻。无名分的雄猴则在周围围观吼叫助威。（文文的一只眼睛在一次冲锋时，被管理人员误伤。）熊猴笨笨不太按这种规则行事，它会如猴王一样冲在前面。雌猴则跟在雄猴之后，并保持一定的安全距离，在危急情形下，有利于雌猴带着小猴快速逃离。值得一提的是：集体奔跑攻击一只猴子，是不按等级地位排列的，通常是由奔跑速度快的雄猴跑在前面，战斗结束后，它所获得的奖赏是：雌猴簇拥在"勇士"的身边，叽叽喳喳地献殷勤。这正是雄猴表现自己，与雌猴建立友谊的好机会。

四、雌猴与别的雄猴发生争斗时，通常是小打小闹，对违规的雄猴也缺乏威慑力。而猴王文文一旦介入，就会升级为群殴，能置违规者于死地，威慑力极强。猴王文文看似弱小，实际上却很强大。

2009年12月6日，是猴王文文罹难的日子。这一天，一位垂钓者，带了3只大型猎犬在猴岛附近垂钓。主人一时疏忽，导致3只猎犬离开主人闯进了猴山。面对来势汹汹的3只大猎犬，猴群如临大敌，喧哗吵闹着，雌猴带着小猴爬上树，我看到雄猴小将，毛发耸立地站在路上，一些胆大的雄猴也跟在小将身后，毛发耸立，跃跃欲试，试图阻止猎犬进犯猴山。3只猎犬在众猴的吼声中，惊慌失措，像无头苍蝇一样，在猴山上狂奔乱窜，异常凶猛地扑向没有上树的猴子，而猴子动作敏捷，猎犬扑来时，就迅速地爬上树。这时，有人惊呼起来："猴王被狗咬死了！"当人们跑去探看究竟时，猴王已经倒在血泊中，脸部肌肉和睾丸被狗嘴撕裂开来，血流不止，奄奄一息，最终不治身亡。

据目击者说：猴王文文面对外来威胁，像小将一样，冲在前面以保护猴群安全，但由于猴王文文年老，腿脚也不灵便，它未能躲过猎犬的快速攻击，故而惨死在狗嘴之下。

文文死后，猕猴群体不见了往日的平静生活，让见多识广的管理人员感到惊讶。猴群骚乱起来了，它们几乎处于一种失控状态。猴子们每天从早到晚，都像注入"鸡血"一般，喧哗吵闹着，相互之间陷入了无休止的吵闹和争斗中。在这场持续的纷乱中，我也是一头雾水。猴群一会儿集结性打斗不休，一会儿分散开来，多点式进行打斗。它们不停地奔跑和相互撕咬，从游览区延绵至西面的荒岛上，咬架争斗声不绝于耳。这场骚乱和争斗一直持续到第二年的 3 月份，才逐渐地平息下来。管理人员发现因争斗致死的猴子有 8 只，4 雌 4 雄。而我统计的数据是：伤亡数量在 20 只左右。

管理人员发现 4 只雌猴已死亡，这令我感到意外。在猕猴群体里，猴群咬死强壮的雄猴这种现象较为多见，无论在西岛或云蒙主岛等处，几乎每年都能发现几例。而雌猴被咬死，这之前，我仅见过一例。有一只雌猴经常偷袭别的猴子——在别的猴子毫无防备时，咬别的猴子一口就逃。该雌猴每每"犯事"之后，就离群独居一段时间，跟边缘活动的雄猴一样，经常在上山路口处活动，当别的猴子对它的"怨恨"平息之后，它又会回到猴群里。1999 年 5 月，这只雌猴又"犯事"了，这次激起了公愤，它被猴群咬死在湖岸边。

猕猴内部争斗看似无序，其实是有规律的。个体打斗，通常先行语言警示威吓，眼睛瞪视，跟对方明斗，而暗地里偷袭，这是一种违规的举动，会招致众怒。地位极高的猴子，它无须语言助攻，逮住违规者，将它痛咬一顿。而它咬了别的猴子之后，不会逃跑，敢作敢当，这也是一种规则。猴子的这一特性，我们常应用在管理工作中，比如游客与猴僵持时，我们就劝游客走开，只要你转过身去，或眼睛不与猴对视，猴是不会从背后突袭你的；而逃跑是不可取的，反而会激发猴的攻击性。

在这场骚乱中，我没有看出谁是赢家，也不像人们所说的那样，是猴王争霸战。在雄猴等级序列里，继文文之后，排序第二位的红脸雄猴（我们又称之为"老二"）虽然幸存下来，但显然是输家。红脸雄猴像经历了一场劫难一样，毛发蓬乱，背都弓起来，走路也跌跌撞撞，呈苍老神态。我一度看好小将，但小将在红脸雄猴跟前依然势弱，与雌猴之间也屡有摩擦，行为拘谨，其威望不能服众是显而易见的。这场动乱更像是猴群内部的一次清洗行动。

如果说这场动乱是一个前奏，而雄猴"走婚"规则的失守，是文文死亡之后，又一个非常明显的特征。我每年都会对猴群的数量进行统计，在文文统领时期，除了与猴群无血缘关系的红脸、小将及熊猴笨笨长期居留下来之外，在母群长大的成年雄猴，它们前后都要离开母群，留在猴群边缘活动的年轻雄猴，数量基本维持在 15 只左右。2005—2009 年，猴群总数量处于一个较稳定的水平，基本维持在 110—116 只之间，呈平稳状态。

文文死亡之后，在母群中长大的成年雄猴，数量一下庞大起来。当母群离开游览区，到桥西游玩时，留下来的清一色雄猴多至 40—50 只，远远超出过去的数量。2014 年 4 月，猴群数量也猛增至 180 只左右。猴群无序发展造成环境不堪重负、近亲交配、小猴残疾和死亡率高、体质衰退等现象。对比以往的有序发展，猴王文文的隐性作用是显而易见的。

贵 族 家 族

　　在西岛猕猴群里，最显赫的家族是乌脸雌猴家族。乌脸前后生育了黑毛、高额。2004 年，乌脸流产过。2005 年 7 月，乌脸又生育了一只幼崽，因生育的幼崽先天发育不良，生育后几天，幼崽就夭折了。乌脸像别的猴妈妈一样，抱着死猴，在树林里走动。因死猴的气味熏人，管理人员趁一次喂食之机，乌脸将死猴放在边上的时候，想要将死猴拿走。可是，乌脸的反应极快，抱着死猴就躲进树林里。当管理人员再次见到乌脸时，它已将死崽遗弃了。经历丧子之痛的乌脸，常常独自坐在一处，郁郁寡欢，身体也瘦下来（幼崽死后，通常猴妈妈会很消瘦）。乌脸经常驻

足在别的猴妈妈跟前，仔细地端详猴妈妈怀里的幼崽，借以抚慰丧子之痛。

雌猴闹闹也在同一时期生育了小崽，小崽毛发金黄、皮肤白皙，黑溜溜的眼睛像黑宝石一样，健康可爱。闹闹初尝做母亲的喜悦，这是它第一个孩子。

在乌脸丧子二十多天后，未能从痛苦中解脱出来的乌脸做出了一个违规的举动，它将闹闹的小崽据为己有。乌脸与它的女儿高额经常轮换着怀抱嗷嗷待哺的小崽。闹闹地位低，它不敢到乌脸跟前去要回小崽。当高额怀抱小崽在猴群里走动时，闹闹就跟踪在高额身后，在高额身边徘徊，啼叫不已。闹闹试图靠近高额，但又是一副很惶恐的样子。一天，失去爱子的闹闹又跟在抱着小崽的高额身后，当高额一手抱着小猴崽，一手在地上捡吃食物时，闹闹龇牙咧嘴、神情哀怜地站在高额身边，它想要回自己的小崽。高额却抱着小崽离开了。此时，闹闹神色大变，我在边上目睹了此景，郁闷的闹闹猛然朝我扑来，歇斯底里地对我吼叫着，扑向前抓扯我的衣裤，向我发起攻击……我大惊失色，后退了一大步。平日性情温和的闹闹，此时却异常凶猛，它要在我身上发泄愤怒。

时间一天天过去了，高额还是没有将小猴交还给闹闹，乌脸对小猴的喜爱之情日渐减退，不再去抱小猴，高额成了小猴的妈妈。高额没有奶水，一次，当高额与别的猴妈妈挨坐在一起的时候，饥饿的小猴爬到一只猴妈妈身上去吮奶，这时猴妈妈开始对小猴很友善，让小猴钻进怀里吮奶。当自己的小猴也钻进它的怀里时，这只猴妈妈就撇下饥饿的小猴，抱着自己的孩子离开了。失去猴妈妈喂养的小猴越来越瘦弱，高额走动时，小猴已经无力抓住它的腹部，头垂了下来。当高额坐下来把小猴放在地上时，饥饿的小猴从地上捡起花生壳，含在小嘴里。过了 7 天左右，这只可怜的小猴就死了。

乌脸自丧子之后再未生育。它喜欢与小女儿——高额在一起。高额每年都生育。在高额的子女中，小雪与祖母和妈妈最亲密，2010 年后小雪也生育了子女。乌脸家族已经是四世同堂，这个家族成员经常有 6—7 只猴子一起成行，在猴群里一起走动（包括未成年的子女），接触非常紧密，经常形影不离。

在旅游旺季，它们的家族成员就守候在猴趣亭下面，因为游客经常到此处来投食，这里是食物最丰富的地方，它们吃饱离开后，别的猴子才能来此进食。当猴群聚在一起争抢食物时，乌脸带着家族成员闻讯而来，那些争抢食物的猴子就会自动退去，或在边上观望，它们不能与这个家族的成员争抢食物。乌脸的家族有优先享用美食的权利，因为它们是"贵族"。"贵族"中的规矩也严格，年幼的小猴就在祖母和猴妈妈身边争抢食物，长大一点后就在边缘争抢，或者是爬到树上接人们抛过来的食物。当小猴看到哥哥姐姐的位置极佳，能获得美食，就去抢占哥哥姐姐的位置，哥哥姐姐就会无条件地退出，把最佳的位置让于弟弟和妹妹。

乌脸是称职的祖母，它很疼爱自己的儿孙们。年幼的小猴与哥哥姐姐一起玩耍时，乌脸就静坐在一边，看着小猴玩耍。小猴还扎堆扑进祖母的怀抱。2012 年 7 月，高额又生了幼崽，由于高额要照顾幼崽，去年生下的小黑毛猴就被冷落了。小黑毛猴年幼，经常纠缠猴妈妈，此时的猴妈妈就会将小黑毛猴推开，小黑毛猴受妈妈冷落时，就委屈地爬上树发出鸟鸣似的啼声，猴妈妈跑去安抚以后，小黑毛猴才会平静下来。由于小黑毛猴暂时还离不开猴妈妈，身为祖母的乌脸就扮演了猴妈妈的角色，像猴妈妈一样怀抱着小黑毛猴，走路时将它吊在腹部，还让小黑毛猴骑在背上。小黑毛猴在猴群里奔跑时，乌脸也紧跟在小黑毛猴身边保护它。乌脸像猴妈妈一样带着小黑毛猴，这一样一直持续了 6 个多月。

2010 年 7 月，小雪生了一只小崽，然而，不幸的是，小崽生下不久后就夭折了。产后的小雪，看上去身体比较虚弱，抱着死去的小崽，行动也很不方便。小崽夭折之后，乌脸就紧跟在小雪身边，保护它。小雪走到哪里，乌脸就跟到哪里。一次，小雪到我身边来索食，因小雪抱着死崽，我多瞅了它几眼。为此，乌脸就气势汹汹地向我扑来。我不去理睬乌脸对我的威胁，还是瞅着小雪，乌脸怒不可遏地跃起来，在我身上猛击了几掌，将我击退，平日沉稳的乌脸，此时很凶悍，很尽责地保护小雪。当小雪离去后，乌脸也转身离去，紧跟在小雪的身后，直到小雪将死崽丢弃以后，才让小雪独立行动。

年轻雄猴小白与大白，是高额的两个儿子，在保护弟妹方面很上心。当家族一同出行的时候，两只雄猴就走在后边，眼睛还机警地东张西望。不安分的小猴到处跑，到树上攀爬玩耍。身为哥哥的小白与大白，经常看护弟妹，保护它们。在一个雨天，我见小猴在树上，就向小猴挥手，我没有恶意的举动，但还是激怒了两兄弟，它们从树上迅速向我冲过来，还在我的背上猛踹了一脚。我愣神时，小白迅速爬上树，抱起小猴从树上溜走了，大白也撤了。小白和大白长大后，它们先后离开了这个家族，开始了独立生活。

　　猴对管理人员通常很包容，即使去挑衅它也会一走了之；小猴在管理人员身边玩耍时，猴妈妈感觉不安全，就将小猴抱走。猴同人类一样，它们也有不愉快的时候。在猴不愉快的时候，平日一些不经意的小事，猴就会计较，易怒，有时还借题发挥。譬如，受处罚后的猴子，你的一个不经意的举动，它也会借题发挥，拿你出气；小猴受委屈啼哭时，猴妈妈的情绪会很不好，当你不经意地去接近啼哭的小猴时，猴妈妈会很愤怒，猴妈妈的"家人"也会很愤怒，它们会非常凶猛地向你发起攻击。事关小猴的安全之事，也能引起猴群的公愤。高额与它的子女也一样。一天，高额与儿女在游览区的小木屋顶上玩耍，不知什么原因，高额身边一对儿女发生争斗，顽皮的多多追逐着它的姐姐，对姐姐又吼又叫，姐姐躲着年幼的弟弟跑到猴妈妈身边来。当多多也来到猴妈妈身边时，对姐姐还是愤怒不已。猴妈妈用手推开身边的多多，多多站立不稳滑到屋檐边，多多仍向姐姐吼叫不休。姐姐为了避开多多，从屋顶的一个孔洞里钻了下来。木屋是敞开式的，猴子可以自由出入，即使我们坐在木屋里，猴子也进来攀爬。我见多多身体贴在孔洞上，向下面吼叫，便好奇地走近去看看屋里面。这时候，我撞到枪口上了，高额愤怒地从屋顶上下来，非常凶猛地向我扑来，它的家人也一起围攻我，行动激烈地不让我靠近木屋，它们的吼叫声惊动了在远处玩耍的乌脸，它从树林跑过来，带领它的"家人"与我对峙，我离开了木屋后，这场风波才平息下来。

　　乌脸是这个家族中的长者，具有绝对的权威性。2011年1月的一天，高额不知什么原因，得罪了乌脸，乌脸扑向高额，惊恐中的高额逃进树林里，但还是被乌脸逮住，它将高额按压在地，狠狠地撕咬一顿。被撕咬之后，高额很吃力地爬到一棵小树上，它如同晕厥一样躺在树枝上，很久也没有动弹。

高额的女儿小雪是乌脸比较宠爱的孙女，性情很温顺。可能是因为受母子关系之累，一次，小雪在日月池边走动时，乌脸忽然跑去抱着小雪撕咬起来，在挣脱中小雪掉进了水池里。乌脸怒气难消，将小雪擒在水池边撕咬。猴妈妈高额及其儿女急忙围拢上去，哀啼着，想从乌脸手上拯救小雪，但不敢去靠近乌脸，它们不停地跑动啼叫着。后来，小雪挣脱了祖母的撕咬，惊恐地逃离。愤恨难平的高额带着儿女，凶猛地向我扑来，发泄怒气，这里显然成了是非之地，我赶紧离开。

猴子家族里也难免有磕磕碰碰，乌脸在家族中作为长者，有最高权威，毕竟母子之情难舍，它们最终还是修复了关系，和好如初。

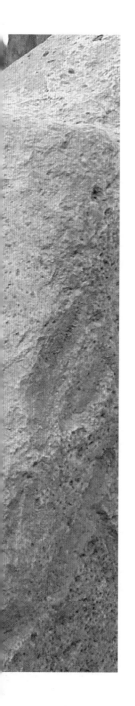

第六章　母爱

猴妈妈与子女

　　猕猴属灵长类，猕猴的生理功能与人类很相似，譬如，雌猴也有月经。雌猴一般每年生育一胎，雌猴的怀孕期是 6 个月，通常在夜间生育。千岛湖生活的猕猴，它们的发情期通常在当年的 12 月，以及次年的 1—3 月。5 月开始产崽，而产崽高峰期是 6、7 月份，8、9 月份属于比较晚的。猴崽从生下来就有一种天性，四肢紧抓住猴妈妈的腹部，身体贴在猴妈妈的胸前，任猴妈妈在树上如何跳跃、打斗，猴崽也不会从猴妈妈的身上掉下来。母爱是一种天性，小猴一两个月期间，猴妈妈一刻不离地抱着小猴，给小猴哺乳。经常用嘴巴去舔小猴的身体。哺乳期大约为 6 个月到 1 年。

　　双胞胎很少见。在西岛曾出现过 3 例，分别在 1997 年、2007 年和 2010 年各有一例。1997 年的一对双胞胎，哺乳不均，有一只小猴吸不到奶，一个月后便夭折；2007 年出生的一对双胞胎都健康地成长起来；2010 年出生的一对双胞胎的猴妈妈看上去很年轻。人们发现之后，对它生育的双胞胎充满好奇心，对它指指点点，非常关注，猴妈妈大概是受了惊吓，以后未再见到它们母子出现，它们从此失踪了。

小猴崽出生一个月后，就开始学习走路攀爬。开始，猴妈妈显得小心谨慎，常常扯住小猴的尾巴，或拽着小猴的腿，不让小猴独自离开。猴妈妈的身体是小猴最初学习攀爬的训练场地，小猴从腹部爬到雌猴背上，骑到头上，挂在猴尾巴上……猴妈妈会根据场地是否安全，选择小猴是否做一些适当的运动。比如在安全的场地上，猴妈妈就会在旁边看护，让小猴崽磕磕碰碰，在地上练习行走，或到树枝上攀爬，或与小同伴一起玩耍，当见到雄猴或不友善的猴子走来，抑或猴子之间发生争斗等情况时，猴妈妈就会立即抱起小猴离开此地。在年幼的小猴崽没有学会走路和奔跑之前，猴妈妈精心照看小猴崽，哥哥姐姐用手触摸可爱的猴崽，猴妈妈也会张嘴威吓或抱起小猴崽就走开。当小猴崽能走动时，就自己去寻找哥哥姐姐玩耍，做哥哥姐姐的才可以与小猴崽一起玩耍。它们像猴妈妈一样，让顽皮的小猴崽爬到身上或者骑在背上，年幼的哥哥姐姐也学着猴妈妈的样子，怀抱幼猴，小心翼翼地保护小猴。

小猴只认母不认父，是母系传承。猴妈妈经常聚在一起，具有母系血缘关系的猴妈妈相聚更为频繁些，如母女之间或姐妹之间等，三三两两挨在一起，相互理毛，一起照看小猴，让小猴在身边一起玩耍，在树上攀爬。这种母系血缘关系，具有家族特性，认亲，利益共享，家族成员受外猴欺凌时，互帮互助或由家族中的长者出面讨还公道，猴群由多个家族组成。一些猴妈妈能放心地让小猴跑到"祖母"和"姨母"怀里，在它们身上攀爬，而对之外的猴子，家族充满戒备，小猴跑到其他猴的身边时，猴妈妈就会立即将小猴抱回来。小猴毛茸茸的淡黄的乳毛，黑宝石一样的眼睛，清纯可爱，让人很难分辨。然而，猴妈妈在任何时候都能识别自己的孩子，它们不会错误地抱走别猴的孩子。否则，这就属于严重违规的行为，会遭到猴妈妈的怒斥和攻击。事实上，小猴与小伙伴玩耍之后，有时会跟着小伙伴一起钻进别的雌猴怀里，这让前来领自己孩子的猴妈妈心怀不满，对它怒目而视，或向对方吼叫。

小猴出生一两个月后，就开始跟猴妈妈学习如何觅食，如在猴妈妈身边捡吃食物，将猴妈妈吃剩下的果皮放进小嘴里。猴妈妈获得食物后，它不会将手中的食物主动地去喂给幼猴。当幼猴去拉扯猴妈妈的手，或在猴妈妈手中争抢食物时，一些猴妈妈会将手中的食物放在幼猴的嘴边，让幼猴细嚼慢咽。高额就是一位细心而又富有经验的猴妈妈，当小猴拉扯要吃它爪子里的食物时，高额就经常将食物放在小猴嘴边，喂给小猴。在给小猴哺乳时，它经常将自己的奶头含在嘴里，吮一下奶水，好像是看自己奶水是否充足，小猴是否会挨饿。像高额这样的猴妈妈，还有叶子、长条等雌猴也常有这样的举动。但大多数猴妈妈获得美食后，即便对怀中的幼猴，也表现得非常吝啬和自私，幼猴去争抢猴妈妈手中的美食时，一些猴妈妈就把美食一下全放进嘴里，以绝幼猴之念。猴妈妈宁愿将吃剩的食物丢在地上，也不喂给幼猴。

两三个月大的小猴，就能上树攀爬，它们喜欢离开猴妈妈，与同龄的小伙伴在树枝上一起攀爬玩耍。有时，也会出现非常"危险"的情形，譬如当我忽然在幼猴跟前出现时，机警的猴妈妈，大多能快速地跑过来抱走自己的小猴。也有粗心的猴妈妈未到来，这时在附近玩耍的雄猴，就会迅速前来，雌猴也会围上前来，协助雄猴一起护住小猴。此时，猴子们都非常凶猛，会向人发起攻击，以驱逐威胁小猴的人类，保护小猴的安全。无论在何种危急情况下，除了猴妈妈以及非常亲近的哥哥姐姐能抱走小猴，别的猴能做的只有保护小猴，护卫小猴的安全，而不能将小猴抱走，这可以说是猴社会的一种规则。其中一个原因是猴妈妈不允许别的猴子这样做，它认为这会对它的小猴构成威胁；另一个原因是小猴也不会接受别的猴的怀抱，小猴会不安分地挣脱，这让抱它的猴子不能奔跑、在树上跳跃躲避敌害。可以说，在遇到外来威胁时，猴子之间的职责分明。当猴妈妈或小猴哥哥姐姐到来将小猴抱走，脱离危险之后，保护小猴的众猴才会散去。因此，人们试图去接近受到惊吓的小猴，这是一个极危险的举动，这会引来猕猴群体性的对抗和攻击。

小猴的哺乳期大约为 6 个月。哺乳期后，小猴跟随在猴妈妈身边，与猴妈妈一起觅食，学习基本的生存技能。行动时，猴妈妈就会将小猴抱在怀里，把小猴吊在腹部。小猴也可以骑在猴妈妈的背上，把猴妈妈当马骑，这也是小猴最喜欢的一种游戏，猴妈妈为了不让骑在背上的小猴掉下来，它们会把尾巴翘起来，尾部托住小猴，这是猴妈妈尾巴的一种功能，这使得快速逃跑时小猴也不会掉下来。

猴妈妈又生育了小猴，它的主要任务是哺育好新生的幼猴，对渐已长大的小猴，不能如往日一样关怀备至，比如小猴钻进猴妈妈的怀里，猴妈妈就会拒绝它，把小猴推出去，因为猴妈妈要怀抱新生的幼猴。年幼的小猴忽然失去猴妈妈温暖的怀抱，也会感到失落，经常去纠缠猴妈妈。当小猴受到猴妈妈的处罚时，小猴就会离开猴妈妈，爬到树上，独自发出急促的鸟鸣一样的啼声，经久不息，这是小猴在啼哭。小猴的啼哭会唤来猴妈妈的抚慰，跑过来将小猴揽在怀里，小猴就会立即安静下来。小猴在玩耍与啼哭时，猴的包容性是不同的。例如，人去接近或吓唬玩耍的小猴，只要不是很出格，猴妈妈通常会视而不见，因为小猴具有自我保护能力；但是，人要去靠近啼哭中或困境中的小猴，猴妈妈就会暴怒异常地飞扑而来，这也立即会引来猴群的公愤，猴群会一起来讨伐违规者——你的行为已经突破了它们的底线，会面临被猴群围攻的危险。

血缘关系是一种亲情，表现得非常亲近，有的祖孙几代同进同出，每天形影不离，它们共同看护年幼的小猴。在猴妈妈哺乳期间，哥哥姐姐会帮着猴妈妈一起照看年幼的小猴，带着弟弟妹妹一起玩耍，像猴妈妈一样抱着小猴。母爱是雌猴的一种天性，姐姐比哥哥更具有亲和力。越年幼的姐姐哥哥也越容易获得小猴的亲近。在猴群里你会看到，小哥哥小姐姐步履艰难地抱着年幼的小猴，或让小猴当马一样骑，与小猴一起玩耍。遇有险情，它们也像猴妈妈一样去保护小猴。有血缘关系的长者，如前面提到的乌脸，它虽然只是祖母，也会帮着自己的女儿照看小猴。

小 猴 的 成 长 过 程

在小猴的成长过程中，如果人为隔断它的母爱亲情和同伴之间玩耍的机会，缺乏对生活技能的学习，时间越久，越会影响到这只小猴的健康成长，它会对生活很茫然。2005—2010 年，在对外开放的西岛，管理人员曾陆续抓捕过一些年幼的小猴，经过人工驯养之后，又将它们重新放回到猴群里。如已是猴妈妈的圈圈、白领和铁圈，还有小黑，我对它们回归猴群后的生活状态进行了观察。圈圈、白领和铁圈，人工驯养时间分别是 1—3 个月不等，被人为羁押 1—2 个月的猴子，重新回到猴群里，仍然能保持原先的生活状态，一样会得到母爱，和同伴一起玩耍等，差异性很小；放养 3 个月的雄猴白领回归后，它也得到了母爱，经常在猴妈妈身边，但对猴妈妈的依赖性强，它与同伴之间接触就有问题，行为比较怯懦，显得比较孤单，雄猴一起聚集的时候，也见不到它的身影，它比别的猴子胆小懦弱，像一只长不大的猴子。

而长时间人为的隔绝，对小猴无疑是灾难性的。2009 年 3 月，管理人员将一只 2 岁的小雄猴抓捕起来，我们曾经称它为小黑（因毛色给它染成了黑色），小黑被拴养在树上，人工饲养长达 5 个多月（野外的猴子可以与它亲近）。同年 9 月，小黑被放养后，它未遭到猴群的排斥，但由于长时间失去自由，猴妈妈已经与它有了隔膜，没有来到它的身边。小黑也明显不适应原母亲群体的生活，我观察到它的行动很迟钝，眼神很迷茫，不停地四处张望，经常乱跑一气，缺乏小猴应有的灵性。小黑与同龄的伙伴几乎无交往。一些小猴在它跟前驻足时，用很好奇的眼光看它，很快就从它身边离去。在喂养点进食时，小猴通常都跟随在猴妈妈身边，或集结在一起进食，对不同来者躲闪避让，应对自如。然而，我见小黑常常孤零零地在一处进食，可怜巴巴地四处张望，像是在寻觅什么。加上被人为染成的黑毛发，它在猴群里

看上去很是另类。

　　我最后一次见到小黑是在它获得自由的十多天后的一个傍晚，我沿着一条小路，将玉米籽一路撒去，给猴投食。此时的小黑就在小路的西端，它孤独地在食物边缘进食，不一会儿，走来几只很强壮的雄猴要霸占此地，而小黑却并没有回避。雄猴对小黑不知"礼让"的行为很是不满，很恼怒地瞪了小黑一眼。小黑并不理会，依然坐在原地进食。后来，又有几只雄猴前来进食，将小黑挤到一旁，小黑就在几只雄猴身边进食，没有离去的意思。雄猴之间有等级地位，它们在进食时要不停地挪动身体，给地位高的猴子腾出地方，小黑在旁边，显然是个障碍，一只雄猴忽然恼怒了，它将小黑狠咬了一顿，并将小黑赶跑。从那以后，我就再未见到过小黑。

　　在猕猴群体里，我们经常可以看到在猴妈妈身后总是尾随着几只小猴。母子一起行动时，通常由猴妈妈走在最前面，年幼的子女则紧跟在猴妈妈身后或被抱在猴妈妈怀里，从小到大，依次排列。由子女当中较年长的雄猴走在后边，没有较年长的雄猴就由最年长的姐姐走在后边，猴妈妈走，它们也跟着走。年长的姐姐替猴妈妈怀抱小幼崽，怀抱幼崽的姐姐就可以僭位，紧跟在猴妈妈的身后，也有较年长的哥哥替猴妈妈怀抱幼崽，跟在猴妈妈身后的，只是比较少见。栖息时，猴妈妈为子女做得最多的事情就是给子女梳理毛发，以示对子女的关爱，子女也给猴妈妈理毛，常常是别的雌猴给猴妈妈理毛，子女跟着一起学习。理毛是最频繁和重要的一种情感交流，这是维系母子之间的亲情和同伴之间的友情的重要纽带。猴妈妈给年幼的子女理毛的频率要高于姐姐和哥哥。

当猴妈妈不在身边，遇到外来威胁时，具有血缘关系的哥哥姐姐，就会像猴妈妈一样挺身而出，保护它的弟弟和妹妹。因此，要识别一只小猴的血缘关系，只要去惊吓一下小猴（注：这种方式有很大的危险性，对猴群不熟悉的人，不可去尝试），当小猴发出惊恐的尖叫声时，前来营救的猴子当中，冲在最前面和情绪表现最为激烈的猴子就是小猴的妈妈或它的哥哥姐姐。猴妈妈在奔跑中，还会发出"嘎——嘎——"非常急促的尖叫声，心急火燎地奔跑而来。夜色来临，每到这样的时刻，猴妈妈不在身边的小猴就会发出"喔喔"的啼声寻找猴妈妈。一天傍晚，一只小幼猴（8个月大小）停在路边的一棵松树上，呼叫着找猴妈妈。我用手拍打这棵松树的树干，小幼猴受到了惊吓，急促地惊叫起来。由于年幼，它还不能跨越到另一棵树上逃走，急得它在树枝上上下跳动。幼猴遇到危险时，首先是它的哥哥快速地从附近的树上跳跃来，哥哥也还很幼小，年龄在一岁半左右，它抱起小幼猴（有血缘关系才能抱起小猴，小猴四肢会紧抓住它的腹部，在树上攀爬跳跃都不会掉下来，否则，小猴不会配合，在树上跳跃就会掉下来），它要离开这棵树，但试探几次都不敢抱着小幼猴跳到另一棵树上逃走。情急之下，哥哥非常凶猛地从树上俯冲下来，向我大吼，试图将我逐跑。两只强壮的雄猴急赶过来，张牙舞爪地向我发起恐吓，不让我靠近这棵树。幼猴的姐姐也赶来，从弟弟怀中接过小猴。众多的猴子也纷纷前来施救，见众怒难犯，我就退到一旁。姐姐抱着幼猴从树上下来，往树林奔逃时，远处玩耍的猴妈妈发出"嘎——嘎——"的叫声赶到了，它从幼猴的姐姐身上接过小猴，奔跑到安全处，对我吼叫着……猴妈妈的愤怒之情久久难以平静。在这场接力一样的施救中，显示了猴子骨肉之情和相互团结互助的关爱之情。

在猴家庭这个单元里，猴妈妈具有绝对的权威性，年龄幼小的弟弟妹妹地位要高于哥哥姐姐，越幼小的地位越高，因为它们时刻受到猴妈妈的保护。哥哥姐姐欺侮弟弟妹妹是要受到猴妈妈的惩罚的，处罚方式有：对违规的子女张嘴龇牙，瞪眼怒视，以制止违规子女的行为；更加严厉的是推搡，将其赶跑；或撕咬违规的儿女。

在猴妈妈跟前，除了年幼的小猴，渐已长大的小猴是不能去争抢唯一的那份美食的，如果违规的话，是要受到猴妈妈的惩罚的。比如当你丢一颗糖果在小猴跟前时，小猴不去捡，你不要认为小猴笨拙，或没有看到，那是守规矩。只有丢多颗糖果，猴妈妈能获得它那份食物后，小猴才可以在猴妈妈跟前争抢。在食物比较匮乏的季节，猴妈妈对食物的占有，表现得更是自私和无情。小猴抢到一份美食后，猴妈妈也会从小猴手中把美食抢夺过来自己享用。而为了护住手中的美食不让猴妈妈抢去，小猴会用一种"礼节"婉拒猴妈妈的要求，即小猴用两手把美食紧紧地抱在胸前，身体前倾紧贴在地上，以保护好美食，而尾部翘起来，不时头磕地惶恐地像跪在猴妈妈跟前，向猴妈妈不停地哀声啼叫。小猴用这种跪求式的礼节来护住手中的美食，这一方法十分有效，猴妈妈会打消私念，放过小猴手中的美食。小猴这样的举动，让我很自然地联想到人类的跪拜之礼，无论是跪拜的对象，跪拜的姿势，还是其所取得的功效，都与人类如出一辙。要探究人与猴之间的亲缘关系，这无疑是一个很有价值的线索。

小猴在猴妈妈身边可以占到优越的资源，获得食物。年幼的小猴可以在猴妈妈身边争抢食物，而哥哥姐姐就会受到猴妈妈的限制，越是大龄的子女，只能在猴妈妈边缘处觅食，或离开猴妈妈独立出去觅食。小猴看到哥哥姐姐占据了有利位置，就会前去争抢，而哥哥姐姐就会让出有利的位置。

猴妈妈对保护小猴的安全极其尽心。小猴在玩耍时，我们只要多看几眼，猴妈妈就会快速地奔跑过来把小猴抱走，害怕小猴受到侵害。猴与游客打交道时，经常有一些违规行为，抢游客手中的食物等。它们下手之前，也要看一下附近有无管理人员，是否在注意它，它们如小偷一样见机行事。因为管理人员看到猴的违规行为后就可能对它予以惩罚。为了躲避惩罚，违规的猴子会在一段时间里躲避该管理员。但此类事还是经常会发生，面对受惩罚的威胁，猴妈妈会迅速地将附近的小猴抱走，当小猴与小伙伴一起玩耍，不愿意跟猴妈妈走时，猴妈妈也会强行将它带走，即使猴妈妈怀里有幼崽，它也会将小猴一同抱着逃离。因等级地位关系，猴妈妈可以忍受别的猴子的欺凌，经常一逃了之。但小猴受到别的猴子侵害时，就会触碰到猴妈妈的底线，猴妈妈会挺身而出，即使地位、实力悬殊，猴妈妈也敢于据理力争，用瞪眼对峙、吼叫、耸动毛发等方式，向对方表示非常愤怒和强烈不满；甚至还与对方打斗，以弱击强进行抗争。猴妈妈护犊之心，表现得非常凶猛和刚强。

母爱与年轻猴子的青春期

小猴在成长过程中，猴妈妈倾注了大量关爱，为小猴遮风挡

雨，保护小猴平安健康地成长。

眉眉已经是三个孩子的猴妈妈。它的第一个孩子于 2009 年 7 月出生，如今已经两岁多了，看上去还很瘦小，我们称它为"鬼灵精"。大概受猴妈妈行为的影响，鬼灵精也像猴妈妈一样，经常在人群中窜来窜去，小猴开始较独立地活动，但猴妈妈还是放心不下，鬼灵精在人群里走动时，眉眉就会十分关注，人们对鬼灵精有一些不友善的举动时，眉眉就性情大变，非常凶猛地大吼大叫。一次，鬼灵精身体倒吊在日池边喝水，我站在一旁试图接近它，鬼灵精浑然不知来自背后的威胁，眉眉护犊心切，它"呼"的一声，就从道路一旁向我飞扑而来，伸爪在我头上猛拍一巴掌，眉眉将我的注意力吸引过来，以保护小猴的安全。

2010 年 7 月的一天，我走到一处树丛中，在树上玩耍的年幼小猴崽，受到了惊吓，不停地"叽哩哩"的尖叫着，在树上乱窜。猴妈妈闻讯飞速地奔跑过来，我与猴妈妈僵持时，树林里又飞快地跑过来一只较年幼的小猴，它是小猴崽的哥哥俏，俏迅速地爬上树抱起受了惊吓的小猴崽。在猴妈妈的掩护下，俏抱着小猴崽往一片树林里奔跑而去。猴妈妈见小猴崽安全脱险后，也自行退去。

2011 年 8 月，豹眼因小猴受到威胁，情急之下，它扑向了游客……豹眼的违规行为，我看得真真切切，对它进行了惩罚。豹眼害怕再一次受惩罚，就一直躲开我。一天，众猴在池边栖息，豹眼见我到来，立即神情慌张地抱起幼猴逃离。不一会儿，我又见豹眼朝我跑回来。我正疑惑时，豹眼迅速地从我身边将一只小猴抱起来，小猴玩兴正浓，奋力从猴妈妈怀抱里挣脱出来，豹眼惶恐地看着我，惊叫起来，它一手抱着幼崽，一手揽着小猴，急匆匆地从我身边逃离。

破鼻雌猴在群体里地位较高，它被乌脸撕咬以后，吭也没敢吭一声，仓皇逃窜至一片树丛中，瘫倒在地，呜咽似的哀啼了好一阵儿。破鼻却为了孩子，面对强势的乌脸，大胆地进行抗争。一次，在猴趣亭下，一只小猴在乌脸跟前争抢食物，被乌脸逮住一顿痛咬，小猴"叽哩哩"惨叫着逃离。闻讯而来的猴妈妈——破鼻怒气冲冲地跑到乌脸面前，似乎想要讨要说法，在乌脸跟前大吼大叫着，跃跃欲扑的样子。乌脸自知理亏，转身欲离去时，愤怒的破鼻冲上前去，用爪子猛力地拍打乌脸的尾部，向乌脸提出挑战。乌脸转身怒瞪了它一眼，径自往前走去，破鼻又追上前去，向乌脸啼叫不休。这场风波平息后，破鼻抱着受欺凌的小猴，不停地发出啼鸣。

美美是祖母，也是妈妈，它陆续生育了儿子黑黑、单单和女儿环环等。环环经常独立地去闯荡，对人也很亲近。2009 年，美美又生育了一只幼崽，有了小幼崽后，环环经常回到美美身边来，坐在美美身边，不时用手抚摸一下小幼崽，或者亲亲小幼崽。当小幼崽想从美美怀里挣脱出来的时候，环环就会从美美怀里接过幼崽，离开出去玩耍。环环抱着小幼崽的时候，它的行为变得非常谨慎，不再到人群中来。当人们看它怀里的小幼崽时，它就会跑开。但环环接近人的习惯，还是让美美感到不安。一次，环环抱着小幼崽，因禁不住美食的诱惑，在游人手中去接食物，美美看到后，立即飞跑过去，从环环怀中抢下小幼崽离开了。

黑黑是一只年轻雄猴，个头看上去很高大。但黑黑很依恋猴妈妈，经常跟随在猴妈妈美美身边，栖息时还给猴妈妈理毛。一次，黑黑受到同伴的攻击，为了保护黑黑，美美迅速冲过去，撕咬领头者。这时候，又冲过来众多的猴子，将美美按在地上撕咬。黑黑逃离之后，众猴向黑黑追逐而去，并传来了激烈的打斗声。第二天，美美静卧在树丛里一动不动，几天也未出现在猴群中。黑黑则在那一次斗架之后就失踪了。

几年不生育的雌猴，对已经长大的孩子，也有娇惯现象。它会将两三岁的孩子，抱在怀里，当幼儿一样娇生惯养。囡囡的孩子娇娇已经3岁了，是一只年轻的雄猴，它的个头与猴妈妈一样高大。一次，我见娇娇躺在猴妈妈的怀里，嘴巴吮着猴妈妈的乳头，眼睛闭起来，昏昏欲睡的样子，它还如年幼的小猴一样，在猴妈妈怀里撒娇，让猴妈妈一遍一遍地为它理毛。猴妈妈理完毛，推开娇娇要离开此地，娇娇却用手揽住猴妈妈，嘴里吮着猴妈妈的乳头不松口。猴妈妈拗不过娇娇，打消了离去的念头，又开始为娇娇理毛。

在喂养点上，一只猴妈妈进完食之后准备离去，它走到一只年轻雄猴的跟前，这只年轻雄猴的身体与猴妈妈一样高大。猴妈妈对年轻雄猴似乎放心不下，它来到这只年轻雄猴跟前，蹲下身体示意年轻雄猴上身，当年轻雄猴骑到猴妈妈背上，猴妈妈像驮小猴一样，离开了喂养点。看到这一幕，很令人咋舌！

猴妈妈对小猴的纠缠，有时也表现出厌倦的神情，将小猴从身边推开，瞪视小猴，或用手拍打小猴……小猴受到猴妈妈的处罚之后也会哭泣，它们会发出像鸟鸣一样的哭泣声。在没有得到猴妈妈爱抚之前，小猴会一直哭泣吵闹下去，直到猴妈妈跑过去，将小猴抱起来，进行安抚，小猴才会安静下来，停止啼泣。也有顽劣的小猴，被猴妈妈处罚之后，娇纵蛮横地撒泼打滚，与人类的小顽主可有一比。一只年龄一岁左右的小猴，它与小伙伴玩耍之后，回到猴妈妈身边来，要钻进猴妈妈的怀里。猴妈妈很不耐烦地将小猴推开，站起身来，就要离开此地。小猴啼泣不止，躺在地上踢脚蹬腿，撒泼打滚很是顽劣。离去的猴妈妈又转身回来，把小猴抱起来，小猴才平静下来。

猕猴非常机警，它们在睡梦中，对外界出现的一点轻微动静也能快速地做出反应。但一些年幼的小猴子，它们酣然入睡的时候，对管理人员的到来也浑然不知。

在游览区里，有供猴子嬉水玩耍的日月池，在日月池边上，有铺成日月形图案的鹅卵石供猴子栖息。夏日里，小猴喜欢在湖边或游览区的日月池里游泳戏水，爬到高高的树上往水池里跳，场面热闹而壮观。2010 年 8 月的一天清晨，我在清扫路面，见猴子们都聚集在日月池边乘凉。顽皮的小猴成群结队地爬到高高的松树上，往池子里跳。我途经之处，猴子们纷纷给我让道。我走到日月池边时，看到一只小猴一动不动地躺在地上。已经起身离去的高额，又转身回来守护在小猴身边，很凶猛地朝我扑来，要阻止我靠近小猴。小白是一只年轻的雄猴，它与高额是母子关系，它看到猴妈妈保护小猴，从不远处也向我飞扑过来，迅猛至极。众多猴子见状也纷纷前来，喧哗吵闹着，与我僵持着……在众猴的一片吵闹声中，酣然入睡的小猴突然被惊醒，一骨碌翻起身来，发出"吱吱吱"的惊叫声，向树林里跑去。小猴离去后，围攻我的猴子们也散去了。

无独有偶，2009 年 9 月的一天，猴子们都跑下山去，或通过猴影桥到西岸去玩耍了。游览区很寂静，我走在路上时，见路边树丛中，有一只 3 岁左右大小的小猴，独自在一棵树下，身体蜷缩成一团，呈坐姿正酣然入睡，我走到它的身边时，小猴也毫无觉察。我伸手去触摸它时，小猴猛地惊醒过来，它显然受到了惊吓，发出啼叫声，惊恐地逃走了。3 岁左右的小猴，可能正是爱"做梦"的年纪，它们的睡态，有时让人觉得不可思议，也难得一见。

在猴岛的游览区里，有一张仿松木段的圆桌，在猴趣亭下的树丛里，经常有雌猴带着小猴，或三五成群的猴子坐在圆桌上玩耍，相互理毛或惬意地躺在上面。2006 年 6 月的一天，猴妈妈带着小猴到树林里栖息去了，在石桌上玩耍的猴子们也离开了此地，游览区里一时静悄悄的。这时，管理人员忽然发现，一只 3 岁左右的小猴还独自躺在圆桌上，管理人员在边上谈论，小猴也一动不动。这反常的情况让人们颇感不解，认为小猴遭遇了不测。我和同事就一起前去，走到小猴身边，见小猴没有一点反应，都猜测小猴死了。一位同事伸手抓起小猴的尾巴，把小猴提在手中。这时候，小猴才从睡梦中惊醒过来，拼命地尖叫起来，身体凌空地扑腾，吓了管理人员一跳。在山下树林里栖息的猴子，听到小猴急切的啼声，迅速跑上山来，对小猴施救。管理人员将小猴放掉，小猴向猴群里逃去，前来救援的猴子才纷纷退去。

猴的警觉性很高，但在猴社会生活中，一些猴子也有疏忽的时候，对身后到来的威胁浑然不知。这时候，知情的同伴就会向面临威胁的猴子发出警示。2012 年 1 月 2 日，有人朝猴趣亭下面丢食，一些猴子坐在围廊上观望。我走进猴趣亭，拾阶而上时，靠近阶梯边的一只猴子背向着我，全然没有发现我的到来，我伸手想摸它一下，给这只猴子一个惊吓。我的举动在猴子眼里是严重的威胁行为。树上一只雌猴全看在眼里，它立即惊叫起来，向遇有危险的猴子发出警报。坐在围廊上的猴子快速地闪开。显然，我背后偷袭的举动，激起这只猴的"家人"的愤怒，在附近玩耍的五六只猴子，怒不可遏地一起向我扑了过来，向我怒吼，为受到惊吓的猴子打抱不平。那只报警的猴子却没有加入到声讨队伍里，它从树上下来离开了。

孤 猴 与 外 来 母 子

在猴社会里，小猴离不开猴妈妈的保护，正所谓："有妈的孩子是个宝，没妈的孩是根草。"

忧忧是胖胖的孩子。胖胖在猴王文文死亡后的一场猴群骚乱中被咬死，2009 年 12 月 5 日，管理人员在湖边发现胖胖的尸首，年少的忧忧成了孤儿。

猴妈妈死后，忧忧不知因何原因，冒犯了

圆脸雌猴与一只雄猴，这是一对陷入热恋中的猴子，两只猴子非常凶猛地追逐撕咬忧忧。忧忧从山上拼命地跑下来，它跳入江中，游到停泊在码头的一条趸船上。从水中爬上来的忧忧，脸上被咬了一条长长的口子，血流满面，看上去非常凄惨，惊恐万分的忧忧龟缩在护栏下，遍体湿透，被寒风吹得瑟瑟发抖，它从趸船上走到码头，努力爬到一座石雕像上，蜗居在石像的缝隙中。石像雕塑的是 21 只形态各异的猴子，象征着人类进入 21 世纪。石像顶端的猴王目露威严，注视着远方。满面鲜血的忧忧爬上一只石猴的头顶，与石猴王并肩而坐，一副若有所思的样子，它大概无法理解纷繁复杂的猴社会，希望得到石猴王庇护吧。

我在石像下面放了几个水果，又将水果抛给忧忧，想以此安抚一下受伤的忧忧。忧忧没有领情，我的举动更增加了忧忧的不安。忧忧便离开码头，沿着湖畔回到猴群里。我跟踪忧忧而去，忧忧在猴群栖息的地方来回走动着，它很小心地避开来者，向来者嬉齿，表示恭敬，它试图坐在一只小猴的身边时，那只小猴很吃惊地看着忧忧，马上离开了忧忧。忧忧离开栖息的猴群，独自走进一处树丛里，从那以后，我再也没有见到忧忧。

驯 养 猴 子

在进入千岛湖猴岛景点路上的一处假山上,原有两只"迎宾"猴,是驯养给游人拍照的猴子。它们是一对猴夫妻,非常恩爱。1997 年,雌猴因消化道的疾病死亡,景点随后就补充了一只新雄猴。老雄猴年老体弱,看上去非常羸弱,不能吸引游人,就又补充了一只年幼的小猴。3 只猴子在一块生活。老雄猴是长者,它经常将年幼的小猴抱在怀里,如妈妈一般爱护小猴。新雄猴身体强壮,非常威武,而老雄猴却能管治新雄猴,向新雄猴瞪眼时,新雄猴就表现出十分惶恐的样子。老雄猴很偏袒小猴。小猴非常顽皮,经常在新雄猴身上攀爬,与新雄猴一起玩闹,有时,小猴趁新雄猴不备,很调皮地在新雄猴身上拍打一下,就快速地回到老雄猴身旁,寻求老雄猴的庇护。新雄猴对小猴的顽皮有时也很恼怒,怒目而视或推搡小猴,小猴被欺侮后,就跑到老雄猴身边,啼叫不停。此时,老雄猴就会出面,为小猴打抱不平,老雄猴踢腿跺脚,向新雄猴吼叫,像是呵斥它的无礼!

被人类驯养的猴子,它的眼睛比较浑浊、黯淡、呆滞,与灵动活泼的自然环境下成长起来的猕猴相比,它们眼神中流露出的是隐忍、忧郁、惊恐、愤怒及对人分外的漠视。我认真观察过各种猴子的眼神,被驯养的猴子的眼神是最让我感到沉重的。有一只雄猴,它每天的工作,就是从主人手中接过一块砖头,举过头顶做出滑稽的表演动作,吸引游客与其合影留念。当游客接踵而至时，它要不停地将沉重的砖头举过头顶，累得眼睛都睁不开了，也不能停下。当它努力地睁开眼睛，从主人手中接过砖块时，嘴巴都要动一下，愤愤地发出低沉的吼声。它的眼神充满了无所适从的迷茫，身心疲惫下的凄苦，不能停歇的哀怨，强忍之下的愤懑、忧郁和无奈。我也见过这样的猴子，当驯养员指示它与游客合影时，它就闭起眼睛，做无精打采昏昏欲睡之态，因为它睁开眼睛，看到游客，就容易动怒，龇牙咧嘴的，让游客害怕，从而遭到驯养员的呵斥与处罚。我害怕看到这样的眼神和神情，它让我的心灵受到震撼。

外来雌猴生育子女后就会永久性地留在母群里，它不能像年轻雌猴一样，没有子女，了无牵挂。也有个别雌猴选择迁徙，带着小猴离开原来的家园，到别处去谋生。

2010 年 3 月的一天，在西岛猴群里，我听见猴群喧哗吵闹起来，这是猴群攻击外敌时才会发出的群情激愤的叫声。我跑上山去察看，发现猴子们在地上或树上奔跑跳跃着追逐一只约 3 岁大小的小猴，被追逐的小猴惊惶失措，它试图跑到猴妈妈的身边，但被猴群一次次地围堵。相距不远的猴妈妈正试图前去解救它的孩子，却被众猴阻挡在原地，猴妈妈声嘶力竭的叫声像是在声讨围攻者的无理。猴妈妈的嘶叫声让众猴越来越愤怒，它们围攻猴妈妈，将猴妈妈赶到山下临湖处。这时候，摆脱众猴围攻的小猴，才惊惶地跑到猴妈妈身边来，无比惊恐地躲在猴妈妈的身后。众猴又一起围攻上来，面对来势汹汹的众猴，猴妈妈与小猴很是无助，它们一同跳进湖里。母子俩危险的处境，惊动了管理人员，他们向猴群投掷石块，将猴群驱散。当母子俩爬上岸，猴妈妈驮着小猴往管理房方向奔跑，去管理房的路上有一座石拱桥，当母子越过石拱桥时，在猴群里称为"二王"的雄猴小将，毛发耸立阻拦在石桥上，向追逐而来的众猴瞪眼、跺脚，它阻止了猴群的追逐和攻击，让这对母子安全逃脱。它们的去向不明，此后我再也没有见到过这对母子。

在追逐围攻小猴的过程中，雄猴小将对母子网开一面，它的行为也很具"人"情味。小猴仓皇奔跑中曾爬到一棵树上，从树上跳下来一只强壮的雄猴，它截住小猴，将小猴按在树杈上，惊恐不已的小猴立刻瘫软了，不停地哀啼……雄猴骑在小猴身上，露出利牙的嘴巴已贴在小猴的身上，眼看就要咬小猴。但最终雄猴还是改变了主意，从小猴身上下来，让小猴从自己的身边逃走。

猴社会有爱，有包容。猴妈妈带着小猴离开猴群，加入到别的猴群里，小猴可能会面临不测。猴群里的团结互助，是小猴健康成长的安全港湾，这也决定了猴妈妈的归宿。

雄 猴 生 活 之 路

雄猴长成之后就表现出较强的独立性。猴群中同龄的雄猴少则有三五只，多则十几只，它们聚集成群一起走动玩耍，相互追逐。它们喜欢摔跤游戏，相互扑打并抱在一起，在地上扭滚、嬉闹，不知情的人们还认为它们相互之间在打斗。而区分它们是玩闹还是打斗很简单，小猴一起扭滚时，不发声的就是玩闹，而发

声的就是打斗，或已经玩过火了。小猴在一起玩闹，共同学习和提高生存技能，交流友谊等，也是小猴在成长过程中，不可或缺的经历。

步入青春期的雄猴（3—5岁），身体也逐渐强壮，个性也越来越独立。这一时期的雄猴，也经常回到猴妈妈身边。猴妈妈精心呵护年幼的子女，但对已经成长起来的年轻雄猴，更多表现出"长者"的权威性，如瞪眼、逐跑，不让年轻雄猴在猴妈妈身边进食，以照顾更年幼的子女觅食。进入青春期后，雄猴就离开猴妈妈，开始较独立的生活，母子之间形同陌路，彼此不相往来。猴妈妈也不再过问独立生活的雄猴。年轻雄猴与别的猴出现争斗时，猴妈妈也不闻不问，放手让年轻雄猴独立面对问题。然而，母子关系并不会因年轻雄猴长大而终结。母爱是一种天性。当年轻雄猴陷入极其危险的境地时，猴妈妈就会挺身而出，竭力去保护处在困境中的孩子，这样的事例不胜枚举。

　　母群里长大的雄猴不像外来雄猴一样受排斥，它们在猴群边缘生活，也经常到猴群里去走动，与雌猴争抢食物，与雌猴发生摩擦等，成为猴群里的不安定分子。身体强壮起来的雄猴，独立性会越来越强，它们单独行动，尾巴高翘起来，一副威风凛凛的样子。它的行为姿态表明：它与猴群之间的关系已经决裂，是猴群不"待见"的猴子。

　　雄猴长大以后，通常会自动离开母群出去"走婚"，开始走向社会。对于一些滞留在猴群里的雄猴，猴王就会率领猴群将它们驱逐出去，甚至将违规的雄猴咬死。我称之为"清理门户"，人们经常将猴群群起而攻之的现象误解为猴王争霸战，这是不对的。离开母群，出去"走婚"，是雄猴成长中的必经之路，是猴社会的自然规律。板儿是豹眼的孩子，它离开猴妈妈后一直很孤

后肢残疾、用前肢行走的雄猴

独，常常独自待在管理人员的住处。它性格懦弱，身体很瘦小，似乎还有残疾。2012 年 10 月，板儿已经 6 岁。一天，小将带领群猴将板儿赶进水里，板儿游向别处想要上岸时，猴子们又追逐过去，拦阻在岸边，不让它上岸。这时候，豹眼跑向湖边向群猴吼叫着，当小将试图去拦截板儿时，豹眼阻挡在小将跟前吼叫。小将将豹眼按在地上，嘴巴咬住豹眼的背部，豹眼没有反抗，它不停地发出哀啼声。最后，小将松开了豹眼转身离去，攻击板儿的众猴也散去了。

板儿因身体原因，离开母群无疑是自寻死路。第二年 3 月，又发生了相似的一幕，这次是乌脸统领众猴撕咬板儿，将板儿逐入水中。爱子心切的妈妈豹眼，又一次挺身而出。由于豹眼阻拦猴群的攻击，豹眼也被逐入水中。当豹眼挣扎着从水中爬上岸后，龟缩在乌脸跟前哀啼着，乌脸咬住豹眼后将它拖开，豹眼没有任何反抗，不停地向乌脸龇牙，一副哀怜的神情。乌脸放开了豹眼，离开了此地，板儿也从水里游向了对岸。

一个傍晚，我住岛值班来到水边，板儿被十多只猴子驱逐，它游到了一处岛礁上，与湖岸相距不远，板儿想回来时，群猴就聚在湖边，威胁板儿，板儿屡次试探，猴子们都阻止它上岸。后来，板儿打消了往回游的念头，它怔怔地凝视着开阔的湖面，不再回头，像石雕一样静静地坐在那里。夜幕降临，板儿凝视湖面的身影融进了黑夜里……第二天，板儿失踪了。

2005 年 9 月的一天，猴群追逐撕咬一只年轻强壮的雄猴，这只雄猴下半身泡在水里，头部和上半身被众猴按压在地上撕咬。一只年老的雌猴奋力地扑向施暴的众猴，声嘶力竭地向施暴的众猴嗥叫。在雌猴的阻止下，筋疲力尽的雄猴，挣脱了众猴的撕咬，沿着江边跑去。众猴从江边和山坡上一起追逐的过程中，年老的雌猴不停地上下跑动，向江边和山坡上追逐过去的群猴嗥叫着，当不远处又传来猴子激烈的打架声时，孤零零留在原地的雌猴坐在江边，不停地发出呜咽一样的啼声，神情悲戚……

嬉脸是地位较高的雌猴，也是雄猴黄毛的妈妈。2010 年 6 月的一天，争强好斗的黄毛与雌猴发生冲突。被欺凌的雌猴大吼大叫，十多只猴子一下包围过来，猴王文文与雄猴小将也参与其中，对黄毛发起围攻，展开撕咬。这时候，猴妈妈嬉脸抱着幼崽奔跑过来，它跑向众猴当中，向包围过来的猴子吼叫，像是呵斥猴群的无理。在猴妈妈"据理力争"下，这场针对黄毛的打斗平息下来，当众猴散去时，嬉脸坐在一处树丛边，发出呜咽一般的啼声。

云蒙列岛生存空间逼仄，容不下众多猴子的生存，岛屿四周 2000 米的开阔湖面也未能阻止猴社会的自然规律。我每年对猴群数量进行统计，在云蒙列岛猴群繁衍的早期，雄猴离开母群更趋低龄化，2—3 岁就有雄猴离开母群，5—6 岁时，雄猴普遍离开母群。千岛湖特殊的生存环境使得雄猴离开母群的年龄有增长的趋势。2010 年以后，我统计出不同年龄段流出比例：3—5 岁约占 30%；5—6 岁约占 60%；6—8 岁及以上约占 10%。

千岛湖镇原本没有发现猴子，一些偏远乡镇报告说有猴子，大体上属黄山猴。云蒙列岛放养猴子后，根据我手头掌握的资料及千岛湖镇居民的报告：前后有几十例可以肯定是猴岛流出的猴子，它们游过江面，最远能游过 3000 米，其中雌猴游出的只有一例。近几年来，千岛湖因水上来往的船只很频繁，白天游出不安全，猴子多是选择早晚或夜间游出。

文 明 观 猴

　　猕猴科全世界现存 12 个种，44 个亚种，它们的生理功能与人类非常相似，是人类的近亲。其中狮猴、帽猴等 7 个种分布区域狭窄，数量稀少，濒临灭绝。猕猴在我国分布较广，有 5 个种、10 个亚种，即猕猴、熊猴、台湾猴、红脸猴、豚尾猴，主要分布于云南、广西、福建、海南等地。

　　猕猴是人们最喜爱的观赏动物之一，为迎合游客的喜好，全国各地开辟了许多个猕猴景点，游客可以与猕猴接触。随着人们自我保护意识的加强，人与动物接触过程中，首先应该做到自律，关爱动物的生活，听从管理人员的劝阻，以免发生动物伤人事件。

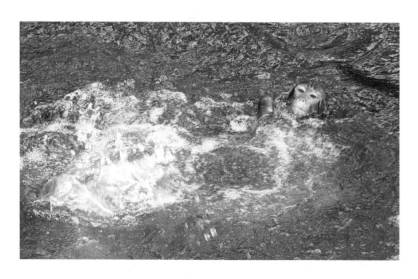

游客之所以能近距离观赏猕猴，其实是食物利诱的作用，猴从游客那里能获得美食，它才甘冒风险与游客接触。猕猴一旦满足了对食物的欲望，就会远离人群，躲进树林玩耍栖息。因此，在旅游旺季，因游客众多，为猕猴提供了过于丰富的美食，人们看到的猕猴反而会减少。

猕猴除了不吃肉制品，食谱还是非常广泛的，尤其爱吃瓜果之类。猕猴对爱吃的食物有强烈的占有欲望，由于个体之间存在等级地位的差异，美食也能引起别的猴子的关注。当地位高的猴子到来，地位低的猴子就不能在它跟前争抢美食，否则就是违规，那是要受到惩罚的。地位低的猴子就会先下手为强，快速地从游客手中抢夺美食。当它们发现你包里有美食，也会把包抢去，或习惯性地爬到树上，将食物挑出来，不能吃的就扔掉。尤其透明的塑料袋之类，猕猴很容易发现袋中的食物，所以游客不要将食物与贵重物品放在一起。

因为猴会选择抢劫对象，所以食物不要交给小孩。小孩和女性在猴眼里是弱者，很容易会被猴子盯上。遇到猕猴抢夺食物时，游客最好将手中的食品扔掉，以免被猴抓伤。逗猴时，当面前聚集众多的猴的时候，就要将食物撒开，不要一点点逗喂，因为争抢不到食物的猴子，会因为游客分配不公而恼怒。若猴子对身边的食物视若无睹，说明它已经吃饱，对你的食物不感兴趣了，游客就不要用手拿食物举在猴子的跟前，它会因不耐烦而抓拧游客的手以示拒绝。

猕猴不会将抢到的食物喂给怀里的小猴。当游客接近小猴时，猴妈妈会立即跑来把小猴抱走，怕小猴遭到伤害。一些游客觉得小猴可爱，就试图去接近小猴，在小猴跟前照相，逗小猴。

当小猴爬上树，就用手摇或用脚去踢树，认为小猴不会与猕猴一样具有攻击性，这是不对的。小猴遇到惊吓，或者担当监护责任的猴妈妈看到游客的举动对小猴的安全构成威胁时，猴妈妈在情急之下，会迅速冲过来对游客发起攻击，将游客咬伤。故此，对小猴只能远观，不要近身去接触。

游客要想近距离接触猴子，就用食物引诱猴子到跟前来。不要去追逐猴子去喂食和拍照，猴子会认为你的行为具有攻击性，从而对你高度戒备和防范。向猴子瞪眼，模仿猴子的示威动作，在猴子跟前手舞足蹈、踢脚跺腿、招手等举动也被视为威胁和挑衅，猴子会恼怒，也易激发猴子的斗志。猴子毛发耸立、吹胡子瞪眼与冒犯它的游客对峙、向游客示威，其目的是试探游客的强弱，看能否震住游客。一些游客不惧猕猴威吓，仍故意挑逗猴子，去激怒猴子。游客这些不友善的举动，就有可能导致猴子伤及无辜，因为猴子会转而攻击较弱者，拿弱者出气，如小孩和女性。

猕猴颇有君子之风，它们攻在明处，游客不要担心猕猴会在背后偷袭。与猴子对视是不友好的表示，猴子会瞪眼以示警告，游客只要移开视线不理睬它，猴子会自行平息恼怒之情。游客与雌猴对峙时，雌猴的安全受到威胁，它会向猴群发出叫声，求助亲朋好友来解围，而引来猴群，在管理人员未赶到之前，游客可以采取一些自我保护的方式，比如做一些威猛的动作，如突然蹲下，或拾起石头往地上砸，强势震住猴子，切忌仓皇而逃。

猕猴表演节目，是在驯养人员的武力胁迫之下无奈之举，由于它们时常遭到驯养人员的鞭打，以及超负荷地给游客表演节目，它们对人具有很强的报复欲望，一旦离开驯养人员的监视，游客不知轻重地接近它们，它们就会咬伤游客，也就是说驯养人员不在场，游客是不能去接近表演的猴子的。

喜欢单独行动、体格强壮、威风凛凛、尾巴高翘起来的雄猴，人们通常会误认为是猴王，一些景点称之为"孤猴"或"流氓（亡）猴"。它们是猴群的外围势力，是流动性雄猴，处于弱势地位。这些雄猴因受猴群排斥，内心比较压抑，又只能在猴群外围活动。为了生存，它们经常在进入猴山的路口劫道，抢夺游客手中的食物。遇到强势猴的欺凌，它们会将强势猴的攻击目标转移，把游客当作能够欺凌发泄的对象。它们年轻气盛，争强好胜，是管理人员重点防范的对象。但这些雄猴较少用武力攻击游客，遇到"孤猴"拦路抢夺食品时，游客要大方地将食物丢给它。"孤猴"尴尬的生活处境，可以说是"别去惹它们，正烦着呢"！

遇到猴子攻击的游客，戴墨镜可以有效地掩饰你的表情，让猴子捉摸不透，也有利于与猴子正面接触。碰到体型较大的短尾猴，你手里可以握一块小石头，当猴来到你身边时，你可以伸开手掌，亮出你的"防身武器"。猴子看到你手里的小石头，它们就会自行退去。但不要拿石头砸猴子，这样反而会激怒猴子。

第七章　猕猴的"婚姻"与"家庭"演变

猴王的"婚姻"

在猕猴社会里，一个猴群的建立，也就是猴王与雌猴两情相悦结合在一起。雄猴之间的竞争，是与雌猴共同参与的互动游戏，雌猴通过与雄猴的接触和交往，以它们特有的审美和价值取向，把最适合共同生活的（即最优秀的）雄猴选拔出来，作为"婚配"的郎君。如果将竞争交配权的雄猴比喻为竞技场上的运动员，雌猴则是规则的制定者和裁判员。雌猴用脚投票，跑到青睐的雄猴身边，壮大这只雄猴的威势，协助该雄猴去打败其他对手。

那么，雌猴是如何选择雄猴，并帮助它成为猴王的呢？

形象和交往：在自然环境下，雌猴不会轻易让一只陌生的雄猴靠近自己，但是身体强壮的雄猴对雌猴有一种天然的威慑力。在追求雌猴时，性情表现沉稳的雄猴会神情自然、沉稳友善地缓步接近雌猴，即使雌猴回避，雄猴也不愠不火，耐心等待，因此容易得到雌猴的青睐；而脾气暴躁的雄猴会奔跑着追逐雌猴，甚至目光瞪视，雌猴往往受到惊吓，并快速地逃离。急于求成，反而适得其反。

责任和担当：雄猴要表现出强势，能为雌猴出头，履行其保护职责，让雌猴有安全感。当雌猴青睐某只雄猴时，会经常借助这只雄猴的势力去挑衅和威吓别的猴子。在挑衅的同时，雌猴目光不时瞟向雄猴或跑向青睐的雄猴身边，实际上，这是在考验雄猴是否有能力保护自己。这时，雄猴就会吹胡子瞪眼地为雌猴撑腰，并警告对方不得对雌猴无礼。雌猴一旦与雄猴建立了这种互相支持的默契关系，就会跟这只雄猴同仇敌忾，荣辱与共。遇见别的雄猴，就以站队的方式分出敌友。雌猴站在倾心的雄猴的身边，向别的雄猴瞪眼怒视，目光不时瞟视身边的雄猴。发出的叫声也不同，怒视时发出低沉的"嘿"声，瞟视时发出短促的"哼"声，表示它依附于身边这只雄猴，敌视对方。雌猴用这样的方法去试探身边的雄猴，只要雄猴稍有胆怯的神情，它们就会对该雄猴失去信心，最终选择离去。

细节表现：当雄猴对别的雄猴嬉齿（龇牙），是自甘示弱；雄猴之间碰面时，主动回避和逃离的会被视为弱者；目光游离不定、东张西望或表现出惊恐神色的雄猴，也会让雌猴失去信心。雌猴不会青睐不自信的雄猴。

具有亲和力：雌猴不是简单地根据雄猴的外表是否强壮进行选择。一只脾气暴躁的雄猴往往让雌猴心存戒备，敬而远之。一只具有亲和力的雄猴能让雌猴毫无戒备地走近它并相处融洽；同时又能在别的雄猴面前表现出强悍，能够保护雌猴，让雌猴充满安全感。亲和力不是懦弱，而是一种与生俱来的品性，这体现出一只雄猴的能力和智慧，是判断一只雄猴能否成为配偶的重要标准。

趋利避害：当一些雌猴加入到一只雄猴的阵营里并听从它的驱使时，雄猴与雌猴之间就形成了相互依赖的关系。强势战胜弱势是猴社会的自然规律。为了生存，雌猴很善于随机应变，它们帮强不帮弱，也会倒戈离开处于弱势的雄猴，加入到强势雄猴的阵营里。雌猴的这一特性导致猴王占有较多的妻妾，别的雄猴形单影只，势力相差悬殊。失势的雄猴只有离开这片领地，或者遭到猴群的攻击甚至被置于死地。

言行举止流露的信息：猕猴能通过语言、眼神和肢体动作进行交流，表达"爱情"。因此，一些人工饲养的猴子（如分号笼养和拴养）之间虽然没有任何身体接触，但只要能进行身体姿势和语言交流，它们就能分清敌友并产生等级地位，进而产生猴王。如雌猴青睐某只雄猴，就会向这只雄猴龇牙，目光瞪视其他的猴子，向其他猴子挑衅时，就频频瞟视这只雄猴，寻求雄猴的支持，并将其视为后盾。对所青睐的雄猴的举动，雌猴会同仇敌忾，为雄猴的示威行为造势。雄猴也经常用这种方式考察雌猴是否忠诚，如用凌厉的目光扫视雌猴，向雌猴瞪眼、跺脚和摆头等，以此来观察雌猴的反应。若雌猴龇牙，形态羞涩，就是表示友善和甘心臣服的意思。善于应变的雌猴，会借此向其他猴子吼叫，频频回头瞟视这只雄猴，仿佛是这只雄猴的马前卒。这时候，雄猴与雌猴之间就会相互呼应。雌猴的行为已经表明：它忠于这只雄猴，将雄猴奉为主子和靠山。被雌猴冷落和轻视的雄猴与雌猴之间缺乏目光和语言交流，垂头丧气，经常表现出很烦躁的样子；当这只雄猴与雌猴目光交流时，雌猴表现得很惶恐，"哩哩"地啼叫，或目光不停地瞟视别的雄猴。

猴王如何选择"妻妾"：在猕猴社会里，无论是雄猴雌猴都有"爱"和"被爱"的权利。雌猴可以选择猴王为郎君。那么，猴王又是如何选择它的"妻妾"的呢？

雌猴青睐一只雄猴，并"以身相许"跟随在这只雄猴身边，这只是雌猴的一厢情愿。猴王取得优势地位以后，会对身边的雌猴区别对待，把适合做"妻妾"的留下，不适合的排斥出去。此时的猴王拥有很高的权威,能号令众猴,并通过众猴的努力,将不喜欢的雌猴排斥出去。可以说,婚前是雌猴选择猴王,婚后是猴王选择雌猴。

猴王选择"妻妾"最显而易见的原则是:雌猴要与猴王同仇敌忾。对猴王一见钟情又较早加入到猴王阵营,拥立猴王有功者,是猴王的"有功之臣",这些雌猴在猴群中地位较高。其次,在猴王面前表现勇猛和善于献殷勤,这些很"懂事"的雌猴,也能得到猴王的"赏识"。

雌猴的忠诚度是猴王选择"妻妾"的要素之一。在猴王竞争过程中,一些雌猴摇摆不定,见风使舵,投机取巧,对猴王不忠诚,就会为今后的生活留下"污点"。除非猴王对其十分"喜爱",才会加以保护,否则别的雌猴会因为它的不忠诚而排斥她。另外,对人比较亲近的雌猴,也会遭受排斥。

可以说:在择偶过程中,猕猴有很强的帮派性和立场性,一只雌猴如果选择错了,站在敌对的雄猴一方,想要回头也难,因为众猴已经将它视为对立面了。因此,雌猴在选择雄猴时,表现得非常谨慎,通常很善于随机应变。

只有猴王与雌猴两情相悦结合在一起,建立了小"家庭"后,猴王与雌猴才形成配偶关系。

猴"家庭"向"母系家族"过渡

雄猴(猴王)与雌猴两情相悦结合在一起,建立一夫多妻制的"家庭",生儿育女,繁衍后代。猴王与雌猴的结合,具有"婚姻"和"家庭"的属性:"夫妻"和睦,携手到老;它们共同去占有一片领地,共同生活在这片领地上,生儿育女。遇到外来威胁时,夫唱妇随,共同抵御外来威胁。

它们各自承担"家庭"职能,如猴王履行保护猴群安全之责,率众共同抵御外来威胁,捍卫领地等;雌猴则生育哺乳小猴,带领小猴学习生存技能,协助猴王共同抵御外来威胁等。

它们生育后代,长幼有序,和睦共处。

在新建立的"小家庭"中,猴王占据着主导地位,为夫为父,是一家之长,具有绝对的权威,其特点是夫权统治,夫唱妇随,共同对外;只有猴王有交配权,雌猴表现忠诚;对外来的雄猴排斥性强,猴群对外封闭;生育的子代猴,父系血统是猴王。

猴王与妻妾生儿育女,子女在成年后,其中的雄猴就会离开母群,到别的猴群里去"走婚",雌猴则留在猴群里。猴王不会与子女发生性行为。这些年轻的雌猴在猴群里被边缘化,地位低下,对猴王敬而远之,猴王也不会主动去接近子女。这些待"嫁"的子代雌猴,需要婚配,就会吸引外来雄猴不断前来"走婚"。

"走婚"是雄猴成长之后,独立去面对生活的必经之路,也是雄猴逐步走向成熟的过程。在雄猴的"走婚"之路中,它们面临种种难以预测的艰难和险境,是在逆境中求生存,优胜劣汰,并形成种群之间的生态链。当"走婚"的雄猴有勇气、有智慧战胜生活中的艰难和险阻,游走在猴群边缘时,子代雌猴却不能公开与外来雄猴亲密接触,否则就会受到猴群的排斥和攻击。它只能与前来走婚的雄猴偷偷幽会。它们在偏僻的树林里相聚,交媾之后,各自走开。一些年轻雌猴与外来走婚的雄猴交往后,两情相悦，就走在一起，它的行为背叛了母群，会与雄猴一起受到排斥和攻击。当走婚的雄猴离开这片领地时，它便跟着雄猴一起离开母群。走婚雄猴带走雌猴后，它面临两种选择：

一、向非占领区扩散，占领自己的领地，接纳新来的雌猴，形成新的种群。

二、带着身边的雌猴，继续到别的猴群里去走婚。猕猴群体对"来客"雌雄区别对待，雄猴受到敌视，被猴群攻击驱逐；雌猴只要离开雄猴就能获得礼遇，能平安地生存下来。新来的雌猴可以尾随在猴群后面，与猴群建立友谊，获得猴王青睐，加入到猴群里。也可以跟随雄猴或独自离开此地，重新去寻找自己的归宿。

子代雌猴与外来雄猴交媾，生育子女，如果安全稳定的生存环境有利于小猴健康成长，它们就永久性地留在猴群里。因此，年轻雌猴在婚姻中可以有两种选择：

一、与走婚的雄猴交配后，生育子女，永久性地留在母群里，将猴群繁衍下去。

二、跟着相爱的雄猴离开母群，去寻求新的归宿。

随着猴王年龄的增长，生理功能的衰退，性行为由原来的泛交型逐步转向情感型。在发情期，选择与钟情的雌猴相互厮守，相亲相爱，性行为表现比较专一。越是年龄大的猴王，表现越是明显。猴王对雌猴性行为的掌控力下降，雌猴的性行为也从忠诚于猴王的保守型，逐渐走向开放型，偷偷地与外来"走婚"的雄猴交媾，越来越开放。猴群由封闭型，逐渐转向较为开放型，为外来雄猴"走婚"开放了窗口，形成较好的氛围。留在猴群里传承和繁衍的子代雌猴，它们也要通过"招婿"，与雄猴建立"婚姻"关系。不断前来"走婚"的雄猴，为猴群"招婿"敞开路径，从中选择表现最优秀的外来雄猴"入赘"到猴群里来，成为猴群里的新"女婿"，即人们俗称的"二王""三王"。

"入 赘"的 雄 猴

"入赘"的新"女婿"是子代雌猴选择的雄性配偶，起到新陈代谢的作用。它们的等级地位低于猴王，以先后加入的顺序排列，先加入者比后加入者地位要高。

选择"女婿"入赘，雌猴又占主导地位。它们严格的择偶程序，恰到好处地把综合素质表现优秀的雄性个体选拔出来。它们择偶的程序一般是：

走婚雄猴侵入时，与猴群是处于敌对状态的，会不断地遭到群体的攻击，这可以检验这只雄猴在逆境下的生存能力。雄猴要获得雌猴的青睐，就要与雌猴保持接触、建立友谊。

雌猴以优势身份，排斥走婚的雄猴，吼叫、仗势欺凌，以检验雄猴的性格特征，以及对雌猴的宽容程度，防止与脾气暴躁、滥施武力、缺乏亲和力的雄猴结为配偶。

当外来的雄猴与雌猴建立起友谊，得到一定信任时，雄猴就可以"客居"在此，与猴群保持更多的接触。在猴群受到外来威胁时，雄猴要同仇敌忾，履行保护猴群安全之职，冲锋陷阵，表现勇猛和优秀，以得到猴群的信赖与支持。最后，外来雄猴融入猴群里，完成身份的转变。

"入赘女婿"要得到猴群这个大家庭认可，要经过非常漫长和艰难的考察过程，一般都会经历2—3年左右的时间。"入赘女婿"传承猴群的繁衍和发展，猴群内部结构也从"小家庭"型向"母系家族"型转变。由于子代雌猴与猴王没有婚姻关系，容易接受外来雄猴加入进来，并影响母代雌猴性行为的开放度与包容性，它们在猴群里已经形成中坚力量。"入赘女婿"也与猴王一样，与猴群长期生活在一起。

雄猴"走婚"可分为以下三种类型：定居婚、客居婚、走婚。

定居婚：通过走婚，雄猴与雌猴结合，形成"婚姻"关系而长期定居在猴群里，履行保护猴群安全的职责。

客居婚：通过走婚，与某个猴群长期接触，建立友谊之后，以客居者的身份定居下来，它们只能在猴群边缘活动，地位较低。拥有有限制的交配权，只能等雌猴主动来寻求交配，而不能去追逐雌猴。通常是一些年龄比较大的雄猴，安于客居婚。

走婚：经常流动，居无定所，活动范围广，在不同的猴群边缘活动走婚，也向猴群外围辐射，这是年轻雄猴的走婚方式。

母 系 家 族

子代雌猴生育子女后，猴王与配偶晋升为"祖父母"。由于猕猴群体对外认同"父系宗族"，团结一致共同排斥外来者；在猴群内部，子女却是只认母不认父，认同母系血缘亲情，雌猴与子女就形成了各自的小单元。随着孙子辈们的出现，子子孙孙，又各自形成具有母系血缘关系的"小家族"——"母系"小家族，猴王的配偶们将衍生出多个小家族。它们是小家族中的长者，地位提高，在猴群里具有权威性。在"父系宗族"这个大家庭里，不同母系家族中的长者要维护各自的"小家族"的利益，开始共同管理猴群内部事务，猴群内部出现摩擦和纷争时，经常由猴妈妈与母系家族中的长者出面弹压，控制事态。猴王与"入赘"的雄猴是独立性个体，在猴群内部实际上是趋于弱势，对猴群内部事务掌控力下降，猴群内部出现纷争时，猴王也只是"睁一只眼，闭一只眼"，低调行事。猴王与新进的"女婿"主要履行保护猴群安全、带领猴群共同抵御外来威胁的职责。猴群以猴王为一家之主的"家庭"结构，逐步演变为"父系宗族"下的母系猴社会。其特点是：

一、在猴群里，雌猴的地位得到了很大的提升。德高望重的雌猴与猴王并驾齐驱，在处理猴群内部事务时更具有权威性。

二、母系中的长者与猴妈妈管理猴群内部事务，仲裁猴群内部纷争，形成"男主外，女主内"的格局。

三、雌猴的性行为开放度提高。

猕 猴 群 里 的 亲 缘 关 系

猕猴群体，以"婚姻"和血缘关系为纽带，以"家庭"形式为单位，逐步演变为各母系家族共居的大家庭。猴王与雌猴组建"家庭"，形成配偶关系。在"小家庭"中是夫权统治，雌猴对猴王表现忠诚，子代猴是父系血统。当子代猴生育子女后，猴王及配偶是猴群里的祖父母，是猴群中的长者。祖母传承"母系小家族"。在"父系宗族"中，形成亲缘关系。在传承上，猴王是"宗族"中的鼻祖。

"入赘"的雄猴是子代或孙代猴招的"女婿"，通过"婚姻"关系形成亲缘关系。猴王无论在"辈分"上，还是权威上，都要高于"入赘女婿"。

猕猴群体的"家庭"结构：猴王与配偶及子女。

父系宗族中母系家族结构：雄性单元、母子单元、母系小家族。

雄性单元：在猴群里定居的雄猴。

母子单元：相当于一个单亲家庭，由母亲与年幼的子女组成。一个猴群中有多个母子单元。

母系小家族：具有母系血缘关系的成员，曾祖母、子女、孙女和曾孙女等形成的小家族，也是猴王及其配偶各自繁衍的小氏族。

外 围 势 力

　　猕猴群体就如同一个果核，内核是雌猴与小猴及有配偶身份的雄猴。果核的外层是外来"走婚"的雄猴与母群中长大的雄猴，它们共同形成猴群的外围势力。在母群里的长成的雄猴，从小就有比较独立的个性，它们经常结伴玩耍或独立出去，在猴群边缘活动，最后离开母群出去"走婚"。外围势力在猴社会里主要发挥以下作用：

　　一、在种群之间建立生态链，满足猴群里的杂交性，补充猴群中雌猴的交配需要，储备表现优秀的雄猴，并将其融入猴群里，促进新陈代谢。

　　二、形成猴群的外围势力，对外来威胁的侵入起到警戒和防御作用，协助猴群保卫领地安全，是猴群中的一道安全屏障。

　　三、带动年轻雌猴流动，向非占领区扩散，形成新的种群。

　　四、母群中已成年的年轻雄猴，在独立生活后，与外来雄猴交流，积累经验，更趋于成熟地走向猴社会。

　　五、优胜劣汰，将不称职的、势力小的猴王淘汰，有利于物种的繁衍。

第八章 猕猴的发情期

猕 猴 的 性 行 为

　　在千岛湖云蒙列岛，猕猴发情期于每年 11 月下旬开始，要延续到第二年的 3 月份。雌猴怀胎 6 个月，产崽高峰期是 6—7 月份。猕猴在发情期，脸部泛起红晕，尤其在眼圈部位，红晕尤浓，看上去像红眼圈，慢慢地脸上出现绯红，臀部出现皮肤肿胀等生理现象。

　　发情期是猴社会性狂欢的日子。尤其在以母系家族为主导的猴群里，雌猴的性行为很开放，经常上演雄猴追逐着雌猴，雌猴追逐着雄猴的"爱情"戏。而获得"爱情"的情侣，它们像谈情说爱一样，成双结对地在猴群里走动；或是寻找一处偏僻的地方栖息，相拥相抱，频频做爱。

　　猴王却从年轻时期的泛交型，逐步转向以情感为基础，与钟爱的雌猴相互厮守交配，变得专一。如在每年的发情期，猴王文文就会厮守在美美身边，与美美相依相偎，形影不离，很是恩爱。

　　猴王和具有配偶身份的雄猴，它们具有交配优先选择权，我称之招摇式或追逐式。当有了目标之后，猴王及具有配偶身份的雄猴就会向"心仪"的雌猴展开"爱情"攻势：尾巴高翘起来，以警示别的雄猴不得介入，并形影不离地跟在这只雌猴身边，像一个护花使者，雌猴行，它也行，雌猴停，它也停。平日里，猴王文文、红脸和小将，时时都跟随着猴群一起行动。而在发情期，这些雄猴就会打破常规，雌猴走到哪里，它们就跟随到哪里。一些雌猴喜欢在猴群边缘行动，如在人群里走动，到人类活动频繁的码头边来。这些原本行为谨慎的雄猴，也变得开放，跟着它的伴侣如入无人之境。

具有配偶身份的雄猴，在猴群里数量非常少。猴王与后来"入赘"的雄猴，通常只有1—3只。年轻强壮的猴王，在发情期具有泛交的倾向，而中老年猴王在发情期则表现得比较专注，长时间地尾随在一只雌猴身边，不让别的雄猴接近，或选择两三只雌猴交配。外来走婚的雄猴则满足了其他雌猴的性需求。走婚雄猴因身份和地位原因，它们不可能像猴王一样去追逐雌猴，而是雌猴主动来追求它们，与它们发生性行为。当然，走婚雄猴，可以接受雌猴的求爱，也可以不理不睬，表示拒绝。在性行为方面，雄猴通常喜欢成熟型雌猴，对年轻的雌猴表现冷淡。而雌猴更喜欢追逐没有血缘关系的外来雄猴。在发情期，这些外来走婚的雄猴成为"香饽饽"。有时，几只雌猴同时去追求一只雄猴，地位低的雌猴，看追求无望就选择退出，让于地位高的雌猴。

2010年12月25日，闹闹到了发情期，脸部泛起红晕，它开始追逐身体强壮的月月，月月坐，它也坐，月月走，它也走。当月月坐在日池边时，闹闹就立即挨近月月，翘尾巴露臀，向月月示爱，月月并不理会。闹闹为拉近友谊，它给月月理毛，月月却不领情，马上站起来离开。而闹闹还是紧跟月月时，月月向闹闹吹胡子瞪眼，将闹闹驱逐，以示拒绝它的求爱。月月往树林里走去，闹闹犹不甘心，又跟了过去。与闹闹一样单相思的瘦雌猴，它去追逐翘尾巴雄猴，翘尾巴走东，它跟到东，翘尾巴走西，它也跟到西。当翘尾巴坐在路边时，瘦猴挨近翘尾巴，翘尾巴把瘦猴猛一推，瘦猴"吱吱"叫唤后，无处撒气，向我身边跑来，对我吹胡子瞪眼，好像是我坏了它的好事。当翘尾巴往树林走去时，瘦猴又追了过去……一些雌猴相中了某只雄猴时，也尾随在雄猴身后，跟随雄猴一起走动。当雄猴停止走动，原地栖息时，主动追逐的雌猴，就会搜索攻击目标，无端地向"假想敌"示威挑衅，吸引雄猴的关注和参与，这也是在试探"真爱"。雄猴参与，表示获得"真爱"，雄猴愿意履行保护雌猴的安全之职，它们就会坠入"爱河"；当雄猴对雌猴抛出的"绣球"漫不经心、视若无睹，那便是"落花有意，流水无情"，雌猴只是一厢情愿而已。知趣的雌猴也会知难而退，离开追逐的雄猴。

猴群里的表兄妹有性行为。这些步入青春期的雄猴和雌猴之间的"恋爱"方式是隐蔽型的，它们成双结对地独处，寻找僻静的树丛，相互紧挨在一起，远离猴群。我经常看见年轻的猴子成双结对地通过猴影桥，到桥西的笼养区和表演区（这两区2002年以后就废弃了）的树林中去幽会，这里能远离猴群的活动区域。有几次，我守候在猴影桥上，故意放行一只猴子，而将后行的猴子拦截下来，把一对猴情侣拦截在桥的两边，阻止它们到桥西去幽会。当猴"情侣"被分开以后，它们如鹊桥相会一样，相互等候在桥的两边，四目相望，相互啼叫。为了能重新聚在一起，它们会双双来冲破我的防线，我只顾防着桥东的猴子，而桥西的猴子，则倏地从我身边飞奔而去了。

2009年10月，年轻的阳阳也陷入了"热恋"中，我到桥西来巡视时，就多次遇见阳阳与格格在一起，两只猴子似乎很不欢迎我的到来，它们一看到我就双双向我扑来。两只猴子似乎在向我展示它们"爱情"的甜蜜。向我发威之后，相互就来个有激情的亲吻和拥抱，缠绵在一起。爱情与共同抵御外敌两不忘，交配与吼叫交叉进行。雄猴向我发起吼叫，表示它有能力保护雌猴；多情的雌猴则以"爱情"作为奖赏，我这位"第三者"更像是两只猴子"爱情"的调味剂，让它们性趣高涨。这是陷入"恋爱"中的猴子对外来干扰很典型的做派。

猕猴浪漫的性交方式：陷入"恋爱"中的猴子，它们会无事生非，将过往人或动物当作假想敌，雄猴在雌猴面前展示自己的勇猛，雌猴则"夫唱妇随"，并以性爱作奖赏，来展示它们的"爱情"的甜蜜。

雄猴有"手淫"行为，这比较多见于刚步入成年的雄猴。它们用前爪玩弄生殖器，神情还很专注，有一次，眼圈潮红的青青独自坐在游览区的日池边，低着头，用前爪在玩弄着生殖器。这时，来了几位游客，见此情景都哈哈大笑，纷纷围上前去观看，青青恼怒地瞪眼龇牙，吓唬前来的游客。在我的劝阻之下，游客退到一旁，青青又旁若无人地玩弄起生殖器来。在西岛具有配偶身份的红脸雄猴，我也见过它有"手淫"行为。

"二王"的恋情

2009 年 11 月，雄猴小将看上了雌猴囡囡，囡囡走到哪里，小将就跟随到哪里，上演了一出"女"跑"男"追的好戏。一次，小将与众猴争食物，眼看食物要到手时，忽然发现囡囡已经离开此地，小将立即放弃争抢，快步向囡囡追去。

囡囡是多个孩子的妈妈，它要照顾年幼的子女。小将介入到它的生活中，让囡囡无所适从。当囡囡抱着小幼崽，领着子女走时，小将也跟着它们走；囡囡爬上树，小将也跟着爬上树。只要囡囡走到哪里，小将就跟随到哪里。囡囡的子女似乎很惧怕小将，当小将紧挨着囡囡的身边坐下来时，囡囡的三个子女就会跑开，独自出去玩耍。小将的追逐对囡囡照顾子女造成了极大的干扰，这不由得让囡囡感到厌烦，经常躲避小将的追逐，当小将要依偎在它的身边时，囡囡就起身离开，回避小将的追逐，小将却依然如影随形。一次，囡囡带着它的三个年幼的子女，爬到一棵小树上，要为年幼的子女梳理毛发。这时，小将也爬上树来，要挨着囡囡身边坐下来，囡囡推开要坐下来的小将，小将任凭囡囡的推搡，非要赖在囡囡身边。见小将纠缠不休，囡囡就带着小猴离开了这里。

一次，囡囡给小猴梳理毛发。紧挨着囡囡身边的小将，似乎受到冷落，它不安分地往囡囡身边挤，让囡囡注意到自己。在小将的挤兑下，囡囡斜歪着身体给小猴理毛，这让囡囡很不舒服。囡囡用前爪试图推开身体紧靠过来的小将，让小将离远一点。小将则龇牙咧嘴地扭动身子，像是受了很大委屈的样子。在囡囡的推搡下，小将愤愤不平，它恼怒地从囡囡身边站立起来，眼睛四处搜索"假想敌"，吹胡子瞪眼，踢脚跺腿，发出低沉的吼叫声，眼睛不时瞟视身边的囡囡。这时候，囡囡停止给小猴理毛，与小将亦步亦趋，一副同仇敌忾之状。小将巧妙地转移了囡囡的注意力，坐在地上还一副愤愤不平的样子，囡囡给小将理毛，抚慰小将平静下来。

小将是"上门女婿"，它是猴群里的"三王"。平日，小将的行为比较谨慎，它很小就离开猴群到管理处和上船码头这些地方来。"恋爱"中的小将一反常态。当囡囡来到管理处和码头等处游荡时，小将如囡囡身边的卫士一般，紧跟在囡囡身边。一次，囡囡徘徊在水边，很优哉地水边漫步，小将在码头的平台上守望着囡囡。这时候，一只雄猴胆大妄为地朝囡囡身边跑去，企图乘虚而入。见此情景，小将极为愤怒，尾巴高翘起来，急匆匆地追过去，将觊觎囡囡的雄猴赶跑。

小将与囡囡的"恋情"持续了两个多月。2010 年 2 月初，小将有了新欢——一只名叫丫丫的雌猴。丫丫是一个小猴的妈妈，小猴也经常独自出去玩耍，不在猴妈妈的身边。小将与丫丫沉浸在"二人"世界之中，丫丫前面跑，小将后面追，栖息时，丫丫小鸟依人一般，依偎在小将的胸前，相处得也甜甜蜜蜜。可是，小将与丫丫的恋情如昙花一现，十多天后，小将就移情别恋，开始追逐名叫霏霏的雌猴。与霏霏在一起，小将似乎不太走心，眼睛经常向别的雌猴张望，这山望着那山高。见到"旧情人"囡囡也旧情难泯。一次，小将与霏霏来到山坡上，看见囡囡抱着幼崽坐在一块石头上栖息，小将离开霏霏，就要挨过去与囡囡在一起。囡囡抱起小猴要离开，小将恼怒不已，用前爪猛拍打囡囡的身体，囡囡发出几声哀啼后就离开了。

小将似乎因爱生恨，对囡囡恼怒在心。一次，小将看见囡囡了在给小猴理毛，它就气势汹汹来到囡囡的身边，无端地挥爪拍打囡囡一下，囡囡很克制，向小将嬉齿，又侧转身子半卧在地上，忍气吞声。小将将前爪缩了回去，转身要离开此处。此时，囡囡大一点的小猴回到猴妈妈身边来，小将将来到身边的小猴一掌推开，年幼的小猴在地上跌了一个跟头，发出惊恐的啼叫声。囡囡忍无可忍迅速冲上前来，声嘶力竭地向小将怒吼起来，张牙舞爪扑向小将，要与小将讨要说法……小将自知理亏，讪讪地离去。

这一场冲突之后，小将依依不舍地离开了霏霏，重新去追逐囡囡，尾随在囡囡身边。发情期就要过去了，猕猴炽热的"恋情"也将要过去。

毛发黝黑，脸色红润，目光闪烁不定，看上去神情憨厚的红脸雄猴，却是一个情场高手。它朝三暮四，猎奇争艳，它的"爱情"非常富有浪漫的气息。

红脸雄猴在发情时，它两眼迷离站在猴群活动的位置，不停地张望从身边经过的雌猴，瞅着雌猴的臀部看。发现目标之后，它就前去接近雌猴，用脸贴近雌猴的臀部，做嗅闻状。有时候，它两爪还捧着雌猴的头部，相互凝视，做出深情的拥吻之状。

红脸雄猴与独眼雌猴曾有过一段"恋情"。独眼争强好斗，经常与别的猴发生摩擦和冲突，是不太安分的猴子。2010年2月，红脸对独眼很痴迷，上演了"男追女"的爱情游戏。一天，在稀疏的丛林中，独眼爬到一棵小树上，红脸雄雌在树下守护着。一只年轻的雄猴经过此地，红脸见来者不善，立即向来者吼叫，向年轻雄猴发出警告。年轻雄猴很知趣，绕开了此地。红脸继续守护着小树，忽然，不远处传来了猴子的打架声。独眼从声音上判断，听出是子女被欺凌了，它发出急促的"嘎嘎嘎"的叫声，从树上下来往打架的地方飞奔而去，红脸也紧跟过去。它们双双赶去之时，高额在小猴区正欲离去。独眼愤怒地向高额扑上去，要为小猴讨还公道。高额是乌脸的女儿，在猴群里很有权势。独眼愤愤难平，在高额面前纠缠不休……高额恼怒地瞪着独眼，毛发耸起来，两猴对峙着。独眼频频瞟视身边的红脸，招呼红脸前来助阵。在一旁观望的红脸，却知难而退，选择离开。战争让"相爱"的猴子分开了，红脸的这段"恋情"无疾而终。

这段"恋情"过后，红脸又像往日一样，朝三暮四，它与星星、月月、红红、乐乐都有过一段短暂的"恋情"。

瘸 腿 与 乌 脸

瘸腿和强强是人工驯养的猴子，原拴养在千岛湖猴岛上的一处假山上，表演几个动作，吸引游人与猴子合影。由于长期人工驯养的原因，损害了瘸腿的身心健康，身体羸弱不堪，还瘸了一条腿。瘸腿的形象虽然不好，但每到发情期，来假山追逐瘸腿的雌猴却络绎不绝。看到瘸腿出现，追逐瘸腿的雌猴就来到假山上，与瘸腿黏在一起，驱之不去。像玲玲、豹眼、黑毛等在猴群里很有身份的雌猴，对瘸腿都很痴情。瘸腿身体虚弱，对性行为常表现出力不从心。一些雌猴则激情似火，它们耐不住瘸腿的冷淡，经常上演"霸王硬上弓"的闹剧，拽着瘸腿，将瘸腿拖到背上。2006年年底，瘸腿与强强被解除了人工驯养，它们被放养在猴山上，开始自由地生活。

人工驯养的猴子，其性情容易走向两种极端：一种是易暴怒，行为异常；另一种如瘸腿一样，性情懦弱温顺。瘸腿孤独地生活，经常在猴群外围管理区一带活动，向游人索要食物。瘸腿很谦卑，见到别的猴就嬉齿，自甘示弱，还一瘸一拐地跑开。瘸腿亲和友善的行为，不惹是非，不去树敌，这让它在岛上平安地生存下来了。而与瘸腿一同放养的强强，它的身体很快恢复并强壮起来，看上去健壮威武，威风凛凛，尾巴还高翘起来。强强喜欢独来独往，经常到猴群里走动。由于强强争强好胜，与雌猴屡有冲突，处处树敌，不知收敛。三个月后的一天，强强遭受了猴群一次严厉的攻击，它未能逃脱，被咬死在水边。

瘸腿和强强在与猴群交往的过程中，它们不同的行为方式，带来了不同的结果。这样的现象在猴社会里很多见，如一些身体有严重残疾、身体倒立走路的雄猴，往往能平安地生存下来。

平日，瘸腿的生活很孤独，经常独自走动。每到发情期，雌猴就对瘸腿发起"爱情"攻势，跟在瘸腿身边，与瘸腿形影不离。2012年12月，瘸腿又经历了一次"艳遇"，乌脸向瘸腿发起爱情攻势，形影不离地跟随在瘸腿身边，为瘸腿理毛。乌脸是"女皇"级别的，在猴群里的地位至高无上，是最具有权威的雌猴。但乌脸的"爱情"之路似乎很坎坷，它曾追求雄猴胖胖，胖胖却对乌脸不理不睬，乌脸向胖胖露臀求爱，胖胖视而不见，乌脸便放弃了这段"恋情"。转而开始追求雄猴青青，青青是母群里长大的年轻雄猴，身强体壮，它后来离开了母群。青青对乌脸的求爱，也表现得非常冷淡，对乌脸的追逐视若无睹，自顾自走动。屡次失意后，乌脸显然很郁闷。一次，猴王文文像护花使者一般跟随在雌猴美美身后，乌脸从对面走来，它们迎面相遇。此情此景，令单身的乌脸如何不恼怒。它神色一凛，扑向美美，抱住美美痛咬，身体瘦弱的美美发出凄厉的哀号声……美美是猴王文文钟情的"爱妃"，年老的猴王对爱情生活比较专一，每年的发情期一到，文文就去追求美美，对美美情有独钟。乌脸痛咬美美，按住美美不松口，美美的哀号声，让文文不知所措。平日温和的文文，此时似乎被激怒了，眼睛里放射出凶悍的光，毛发耸立了起来。它向一片树林里飞奔而去，将几只在树丛攀爬玩耍的小猴子赶跑，以发泄它的愤怒之情。

乌脸就是这么强势，让猴王文文也很难堪。但仅靠强势显然是换不来"爱情"的。瘸腿对乌脸的求爱，反应也很冷淡，它在猴群里自顾自走动。原在瘸腿身边的雌猴闹闹，因乌脸横插一脚，它不得不离开瘸腿。乌脸对瘸腿十分痴情，瘸腿走到哪时，它就紧跟到哪里，栖息的时候，乌脸就给瘸腿一遍遍地理毛，不时向瘸腿露臀求爱，乌脸的温柔，让瘸腿最终坠入了"爱河"，两只猴子像一对情侣一样，形影不离。在相处了5—6天以后，乌脸开始移情别恋，它与雄猴月月走到一起了。月月身体强壮，激情似火，它与乌脸是干柴碰烈火，经常拥抱在一起。瘸腿在失去"爱情"之后，可能心有不甘，行事规矩的瘸腿，也贸然地到猴群里去走动。瘸腿身份低微，它主动到猴群里去求爱显然是违规的。一天，瘸腿被撕咬得头破血流，跌跌撞撞地跑到管理处这边来，瘸腿惊魂不定地坐在一处角落里，身子不停地颤动着，沉浸在被撕咬的惊恐中，它受到了严厉的惩罚！

瘸腿与乌脸短暂的"婚恋"，加上它又越规求爱，这些为它埋下了祸端。2013年3月，瘸腿在管理处附近的湖边玩耍，几只猴子冲了过来，它们将瘸腿按在水边，凶猛地撕咬，幸好管理人员看见了，把撕咬瘸腿的众猴驱散了，但瘸腿已经头破血流。这样的打击报复屡次发生，原本平安生活的瘸腿招来了杀身之祸，于是，管理人员将它送往桂花岛。

值得一提的是，乌脸的情感生活很丰富，它还有过一次同性恋的经历，2010 年 12 月初，它与雌猴苗苗坠入"爱河"。苗苗是猴妈妈，生育了多只小猴。它胆小怕事，常在猴群的边缘活动，在猴群中地位不高，与身份尊贵的乌脸相比，它是"灰姑娘"。两只雌猴身影不离，像"热恋"中的一对情侣。乌脸像雄猴一样追逐着雌猴苗苗。尾随在苗苗身后，苗苗走，它也走，苗苗停，它也停。两只雌猴形影不离，栖息时，两只雌猴就很疯狂地做性游戏——爬跨。

"热恋"中的两只雌猴如胶似漆。苗苗很矫情，经常流露出惶恐的神色，娇啼不休，怂恿乌脸四处搜索，充当苗苗的守护神。一天，两只雌猴又搂又抱地往树林里走去，我跟在它们后边，两只雌猴爬到未倒地的枯树上，突然看见我的到来，乌脸猛地跃到我身边的树枝上，在我头上猛拍了一巴掌，乌脸一出手，在边上玩耍的小白也凶猛地向我扑来，揪了我的头发后迅速地跳开，我很狼狈地退到一边。我退到一边后，两只雌猴像庆贺大捷一样，嘴里"咯吱咯吱"发出情语，又拥又抱，爬跨做爱。苗苗还很激情地用手搂抱乌脸的头部，两猴交颈做亲吻状，狂野而浪漫。

乌脸与苗苗的同性恋情只维持了 5 天左右。最先放下这段"恋情"的是乌脸。苗苗似乎旧情难断，它经常向乌脸张望，眼睛还直勾勾地看着乌脸，但乌脸激情已退，对苗苗的诱惑，它已经无动于衷了。

第九章　猕猴的爱情故事

相 濡 以 沫

　　猕猴有爱有恨。爱情是猕猴社会生活中不可或缺的生存动力。猴王与雌性配偶是因为"爱情"才能结合在一起；流动雄猴因为"爱情"甘愿去面对生存的艰难和险境。在猴岛曾有一对猴"夫妻"，是耍猴艺人带来的驯养猴。耍猴艺人让猴做几个表演动作，目的是吸引游客与猴合影，以此收取费用。为了图省事，艺人常将雄猴带出来，雌猴则关着。独自来的雄猴很不安心，常常出错。艺人对出错的雄猴责罚得很严厉。雄猴很聪明，经常解掉绳子出逃，跑去厮守在雌猴身边。艺人每次在雌猴身边找到雄猴时，就对雄猴实施更严厉的惩罚。雄猴为了厮守在雌猴身边，它一次次地出逃，还是会一次次地自投罗网，如飞蛾扑火一样。它的境遇让我叹息！

　　这是发生在我身边的猴的爱情故事，多年来，它们在我脑海里总是挥之不去，我一直想将猴的故事叙说出来。

　　1986年8月29日，来自河南的马师傅运送10只猴子到千岛湖来。王教授为了让我对动物检疫工作有更多的实践和锻炼机会，他将这批猴子放在我的驻地——小坑林区，由县防疫人员来检疫。

我将这 2 雄 8 雌共 10 只猴，分号拴养在驻地门前的几棵树上，进行放养前的检疫。编号 50 的雄猴与编号 51 的雌猴，我称它们为龙龙和辣妹，它们拴养在相邻的两棵树上。在拴养期间，我看到这两只猴子为了触摸对方，经常拽紧绳子极力向对方靠拢，吃力地去"手挽手""脚触脚"进行肢体接触。一天早上，我发现辣妹已经解开了绳子与龙龙厮守在一起。当时，我很是吃惊，认为获得自由的辣妹会逃逸。然而，辣妹却一直厮守在龙龙身边，不离不弃。我的到来令两只猴子神情紧张地向我又吼又叫，像是要阻止我前去拆散它们。我把辣妹逮住拴在原处。我见辣妹经常用牙齿咬绳子。为了不让它再逃脱，我将绳子捆了个结实，绳头还用铁丝捆绑起来。出人意料的是，两天以后，辣妹又一次解开了绳子。当屡次发生同样的事情后，我就顺水推舟，将它们拴养在一起。

辣妹与龙龙结合后，辣妹就再也没有去解开绳子。两只猴子在一起，如胶似漆。栖息时都要紧挨在一起，还常常相依相偎拥抱在一起，像一对热恋中的情人。两只猴子拥抱时，我只要从台阶上朝它们走去，受了惊扰的辣妹"火气"就特别大，暴跳如雷，扯拽着绳子怒不可遏地向我又吼又叫。我近前去，它就会往我身上扑来，试图用武力对我发起攻击；它们不拥抱的时候，如栖息和必要的原地活动时，辣妹表现平静，对我又颇为友好，我手里拿着食物，辣妹就到我手中争抢食物，我触摸它的身体，辣妹还温顺地躺在地上，享受我对它的爱抚。辣妹很反常的行为，让我颇感蹊跷。

辣妹向我发起攻击时，我就用鞭子进行回击。每当我与辣妹剑拔弩张的时候，旁边的龙龙就非常惶恐，我的一举一动都使它心惊胆战，它用惊恐的目光不停地张望我。我拿起鞭子抽打辣妹时，龙龙就用身体快速地碰一下辣妹，要为辣妹挨鞭子一样。我停下来时，龙龙望着我，发出惊恐的啼叫声，似乎在向我祈求饶恕。

一次，我和辣妹之间又发生一场冲突，我用鞭子教训辣妹，龙龙情急之下，突然两肢直立站在我跟前，挺胸凸肚，向我举爪敬礼，目光惶恐地看着我。我感到十分惊讶，不知道龙龙竟有如此的表演才能。对种猴的产地、捕捉时间、齿龄、有无接受过人工驯养等信息，我都要记录在案。龙龙的档案里没有受过人工驯养的记录，因此我怀疑送猴的马师傅未说实话。我试图挖掘龙龙的表演才能，指令它翻跟头，然而龙龙没有展示出其他的表演才能。

我与辣妹发生冲突的情形下，龙龙向我敬礼无疑是劝和之举。显然比身体碰触、抚慰同伴的方式能更有效地解决事端。因为，我看到龙龙敬礼时，身体直立起来，那神情很是严肃和庄重，每看到这种情形，我就忍俊不禁，哑然失笑，情绪就会和缓下来，不再与辣妹继续冲突。

龙龙的敬礼，分为快节奏和慢节奏，我与辣妹处于剑拔弩张的时候，或用鞭子抽打辣妹时，龙龙为了引起我的注意力，它的上肢就不停地挥动，频频向我举爪敬礼，神情颇为庄重和严肃，一副息事宁人的神态。而气氛只要缓和下来，龙龙的上肢就缓慢地摆动，并试探着礼毕；只要我故作愠怒的样子，龙龙就立即站好，摆出一副标准的敬礼姿势。它的敬礼姿势，随着我的情绪波动而变换。

　　我与辣妹之间，就像是有一个解不开的疙瘩。在它们拥抱时，我试着给它们送去食物，辣妹却不领情。它们之间的搂抱可分为两厢情愿式与一厢情愿式：有时候两只猴是相依相偎紧紧拥抱在一起，耳鬓厮磨，如昏昏欲睡一般；有时候，辣妹一厢情愿地抱着龙龙，眯着眼睛像入睡的样子；龙龙却像个木桩子，身体直立地坐在地上，两爪放在身后，眼睛东张西望。为了不打扰辣妹的入睡，龙龙身体一动不动，看上去是一副憨态可掬的样子。

　　我与辣妹发生武力冲突时，龙龙采用敬礼法，也只是为了让武力冲突尽快平息下来，在一定程度上减轻辣妹的皮肉之苦。但屡屡发生的武力冲突依然未能平息。"解铃还须系铃人"，龙龙又出一个新招，它绝妙的新招将猕猴的大智慧也淋漓尽致地表现出来。从此，龙龙把我与辣妹之间的武力冲突扼杀在萌芽中。我称之为龙龙和事的"三部曲"。龙龙的具体做法是：它们拥抱之时，看见我走来，龙龙就立即挣脱辣妹的纠缠，抢先一步向伙伴又吼又叫，一副怒不可遏的样子，频频回头瞟一眼辣妹，招呼辣妹快来助阵。这时候，辣妹就无暇顾及我的到来，与龙龙一起又吼又叫，亦步亦趋，一副同仇敌忾的样子。有意思的是，在猴"夫妻"齐上阵的时候，我有意去挑逗辣妹，拽它的绳子，做出向辣妹挑逗的动作，辣妹却很能容忍我的挑逗，对我不予理睬。当辣妹忍无可忍，非常恼怒地瞪着我的时候，龙龙的情绪一下就激烈起来，大吼大叫，暴跳如雷，眼睛频频瞟视辣妹，将辣妹的注意力重新吸引到攻击同伴上。只要我与辣妹情绪缓和，龙龙的情绪也就缓和下来，全然是一副见机行事的样子。我一离开它们，龙龙就息战。辣妹就开始给龙龙仔细地理毛，又进行猴语交流，让龙龙的情绪平静下来。

此后，我每次到它们跟前时，龙龙就如法炮制，把辣妹对我的敌视情绪巧妙地转移开来，让它不再与我发生冲突。

性 排 斥 与 钟 情

我们的驻地前是晒场，在晒场边有一堵矮墙，我回到驻地后，经常坐在矮墙上，居高临下地看着墙下检疫中的猴子们。一天，我看到龙龙静静地坐在地上，与对面一只雌猴相互凝视。而辣妹却在原地不停地走动，向对面的雌猴瞪眼，不时发出低沉的吼声。辣妹与龙龙不同的"态度"，立即激起了我的好奇心。我前去将龙龙的拴绳解开，让它与对面编号56的雌猴结合在一起，成全这对"有情猴终成眷属"。这时候，辣妹目不转睛地瞪着56号雌猴，"嘿嘿嘿"地向对方吼叫着，还在原地不停地走动，看上去很焦躁的样子。龙龙多情，它揽过56号雌猴的尾部，将脸贴在雌猴的尾部表现出暧昧的样子，辣妹则扬眉怒目，高声吼叫起来……当龙龙与56号雌猴交配时，辣妹的举动，简直让我这位旁观者目瞪口呆！辣妹如同一尊怒目金刚，身体直立起来，挣拧着绳子像纤夫一样，竭尽全力地往前扑去。当前进受阻时，辣妹暴跳如雷，四肢像铲子一样扬起了脚下大把的尘土，声嘶力竭地大吼大叫着……我将辣妹松绑后，愤怒至极的辣妹，跑过去就抱着56号雌猴痛咬一顿。我将龙龙与辣妹拉回原处时，辣妹仍怒气难消，怒视着56号雌猴，不停地吼叫着。

　　眼前的一幕让我大跌眼镜，我只有感叹：猴子为"爱"也疯狂！辣妹撒泼似的妒性也更激发了我的好奇心。我将辣妹与龙龙分开，把辣妹与威威结合在一起，也给辣妹公平的机会。当辣妹离去后，龙龙立即表现出愠怒的神色，愤愤地在原地不停地踱步，目不转睛地怒视着威威，不停地向威威发出威吼声，警告它不得乱来。威威对辣妹的到来，开始似乎并不为之所动，自顾自在原地踱步。约几分钟后，威威停下脚步，看着辣妹，并试图接近辣妹，欲图谋不轨。辣妹十分惊恐，身体紧贴在一边的墙基上，如同要钻进缝隙里一般。龙龙将威威的一举一动都看在眼里，此时，龙龙暴跳如雷，毛发耸立，声嘶力竭地吼叫着，扯拽着牵绳，要奔跑过去严惩威威……龙龙的威慑与辣妹的拒绝，让威威焦躁不安，又开始在原地踱步。面对送上门的"美女"，威威如何能淡定。它不顾龙龙的警告，再次按捺不住自己，大胆地伸爪手去触摸辣妹的身体……辣妹躲闪着，发出惊恐的哀啼声。龙龙眼见威威非礼辣妹，暴怒地发出"嘿呃呃"的嚎叫声，四肢在地上扑腾，扬起大把的尘土，原地蹦跳起来……龙龙已经对威威忍无可忍了。见此情形，我将龙龙松绑，让它们公平地去武力解决，威威原是龙龙手下的"臣民"，它为犯上的行为付出了惨痛的代价，受到了龙龙严厉的惩罚……

　　威威在龙龙的监视和武力打压下，对身边的辣妹没了非分之想。同在一处，各自走动。

　　在龙龙监视的环境下，显然不能真实地反映出辣妹性行为的忠诚度。我将辣妹带到云蒙主岛上，离开龙龙的监视，用绳子拴在喂养点上，投食引猴子出来，我则回到小船上观察。已经等候在树林里的猴王灵灵，见我离开喂养点，很快来到辣妹跟前，仔细地端详辣妹，似乎在辨认对方。之后，灵灵就托起辣妹的臀部爬跨交配。辣妹很不配合，灵灵要腾出一只爪子托住辣妹的臀部。

灵灵对辣妹一见钟情，辣妹屡次坐地时，灵灵就托起辣妹的臀部，对辣妹性趣高涨。围观的雌猴们与猴王却反其道而行之，它们像围攻外来之敌一样，喧哗吵闹着，围着辣妹怒吼着，当猴王灵灵对辣妹进行肢体接触，尤其是性交之时，雌猴们愤怒地吼叫并纷纷围上前去，贴在地上伸手去撕扯辣妹的腿部，这样辣妹就站立不稳，便影响了灵灵的性趣。灵灵骑在辣妹背上，拍手打地吼叫，那些雌猴们还是蠢蠢欲动，不肯收敛。灵灵很不满，它三番五次地将围上前来的雌猴赶跑，然后又回到辣妹身边，继续性交，还像卫士一样，守护在辣妹身边。雌猴们情绪激烈的反应，阻止不了灵灵的多情，慢慢地雌猴们都平静下来。我在一个小时的观察时间里发现，灵灵多次地与辣妹爬跨、贴脸，驱散前来围攻的雌猴，并自始至终地守护在辣妹身边。

我要离开时，准备将辣妹从喂养点上带回去，这时候，令我意想不到地出现了一个惊险场面：灵灵毛发耸立，在小路上阻挡我下山，发出"嘿嘿"的吼声一次一次地向我发起攻击。雌猴们见此，喧哗吵闹着也一起围攻过来，顿时，我身陷猴子们的围困中，它们紧贴在我身边，有抓扯辣妹借机泄恨的，也有拽住我裤管，阻止我离开的。我手持木棒飞舞，另一拨退去，一拨又前来……那场面，令我心惊肉跳。

我好不容易突出重围，回到小船上。猴王灵灵却不心甘，它随我上船来，要做最后的一搏！我躲进船舱发动起马达，掉转船头，灵灵见势不妙，无奈地跳上岸去。

相隔几天，我又一次冒险，将编号 58 取名叫丑丑的雌猴，带到同一地点，想从中比较一下猴王灵灵对新来的雌猴是否都会一见钟情。丑丑拴在喂养点上，猴王灵灵来到丑丑跟前，仔细地辨认一下就离开了，它再也没有出现在丑丑跟前。猴王灵灵对丑丑表现得很冷淡，雌猴们也对丑丑的到来，表现得非常平静。

猴王灵灵对两只陌生雌猴的到来，表现出天壤之别。雌猴们对猴王灵灵钟情的陌生雌猴表现出敌视，行为激烈，排斥性强；对被猴王灵灵冷落者，雌猴们则表现平静，排斥性弱。辣妹在与灵灵之间的性行为中表现得很消极，在性交过程中一直耷拉着脑袋，没有互动动作，灵灵要经常去托住辣妹的臀部，才能保持性交的正常进行。

我用同样的方式，将检疫中的龙龙带到同一个地点。我驾着小船进入喂养点港湾时，感到了异样的气氛：猴子们爬上树探头探脑看着小船，在树上跳跃着；有的摇晃着树木发出"沙沙"声响，一个个神情愤怒的样子，向水中行驶的小船发出吼叫，迎接小船的到来。

小船泊岸时，猴子们向小船包围过来，喧哗吵闹着。我牵着龙龙刚走上山，灵灵便大摇大摆地前来，它阻拦住我的去路。此时，失去自由的龙龙惊恐地往我身上乱窜，贴在我大腿上。灵灵毫不迟疑地扑上来，抱住龙龙在我脚下展开了撕咬。雌猴们一起围上来，齐聚在两只打斗的雄猴跟前，两只雄猴扭抱在一起在地上翻滚，灵灵占上风时，雌猴们就扑上前去撕咬，阵前猴头攒动；当龙龙竭尽全力翻身上来，灵灵落于下风时，雌猴就倏地往后逃窜，一拨拨地散去，又一拨拨地前来，往来奔跑……我拿起木棒，驱赶脚下打斗的猴子，牵着龙龙往船上撤。

此时，龙龙已经遍体鳞伤，腿部流血不止。它坐在船舱里，惊魂甫定，张嘴咂舌不停地用舌头舔咂流血的伤口。看到龙龙的景象，我忽然想起一句歌词："朋友来了有好酒，豺狼来了有猎枪。"

生 离 死 别

1986 年 11 月，龙龙与 4 只雌猴到龙山岛上生活。一只雌猴被狗咬死了，幸存的龙龙和两只雌猴——辣妹和丑丑，开始了自由的生活。

红眼圈、毛发稀疏、身上满是皲皮疙瘩，编号58的雌猴，因其貌丑陋，故称之为丑丑。丑丑生性怯懦，十分胆小。在检疫期间，每当我走到丑丑跟前，它就不停地拧绳子，头使劲往地下钻，身体蜷缩成一团。与大方端庄、群猴围攻之中也不怯场的辣妹相比，丑丑就像是一只丑小鸭。

性的吸引和变幻莫测，让人无法揣度。龙龙身边多了一位猴"夫人"，是"新婚燕尔"。龙龙很多情，它对丑丑宠爱有加，对"第一夫人"辣妹便很冷落了。龙龙与丑丑亲密时，辣妹不顾龙龙发出的警告，凶猛地扑向丑丑撕咬起来。两位"夫人"斗架，"手心手背都是肉"，这样的情形，一度让龙龙不知所措，不好插手。丑丑"吱吱……"的惨叫声，让龙龙大怒，龙龙扑上去咬住辣妹的尾巴，将欺凌丑丑的辣妹拽开，用吹胡子瞪眼、拍手打地和吼叫警告辣妹，然而，这也未能阻止辣妹发泄心头之恨。辣妹不知收敛，屡屡破坏龙龙的好事，这让龙龙怒不可遏，龙龙将辣妹强按在地上，还骑在辣妹的身上……龙龙与丑丑交配时，辣妹在一旁很碍事，龙龙就将辣妹赶跑，辣妹很不甘心。当龙龙骑在丑丑背上时，辣妹就跑回来在它们跟前大吼大叫，还前去撕扯丑丑。龙龙尽兴之后，辣妹就怒不可遏冲上前去，抱着丑丑痛咬，以发泄"夺夫之恨"。

龙龙对辣妹的处罚越来越严厉，龙龙像护花使者，紧跟在丑丑身边，两只猴子一起游玩，不让辣妹靠近它们，或参与它们的玩耍。辣妹只能尾随在它们后面，远远地看着它们相亲相爱。一旦辣妹试图靠近，龙龙就起身驱逐辣妹，让辣妹远离它们，这对恩爱的猴"夫妻"，开始出现了裂痕。

龙山岛上的两只狗咬死了56号雌猴，猴狗之间结下了深仇大恨，经常爆发大战。3只猴子团结一致，联手打败强敌后，辣妹又回到龙龙身边，和好如初，猴狗大战成了龙龙与辣妹复合的润滑剂。它们生活在一起，辣妹依然我行我素，经常乘龙龙不备之际，狠狠撕咬丑丑一顿。辣妹违规，龙龙又将辣妹驱赶出去。因此，3只猴常常是分了又合，合了又分。这种情形一直持续了一年多的时间。

猴子很聪明，但是，在实际工作中，我们又总是低估了猴子的聪明程度。1987年9月，由于3只猴子对景点景观设施造成了破坏，林场出资修建关押猴子的猴房。猴房在青翠的竹园旁，依巨岩峭壁而建，三面垒墙，呈井字形，顶部四周有水泥浇注的过道，用于游客观赏猴子。我们费尽心机终于将3只猴子关进猴房里。然而，我们的计划却落空了，3只猴子竟然都从猴房里逃脱了。后来，我们在猴房屋顶加盖了渔网。

辣妹，我们称它为猴头"军师"，它能进房间偷东西，将蒸笼里的饭菜拿走，让人防不胜防。一次，我们将"军师"捉住，用绳子将它拴在柴房里，关闭门窗。辣妹解开绳子，掀开屋顶的瓦片逃了出来，令我们咋舌。后来，我们腾出房间，在房间显眼位置摆放美食，巧设机关引诱猴子上钩。当龙龙和丑丑驻足在门前，面对美食要上钩时，辣妹就会走来带着它们离开。猕猴的观察能力，我只能用"神奇"来形容，平日，跟你亲近的猴子，你只要怀有"坏心"，你再装作若无其事的样子，猴也能觉察出来，尤其是雌猴，你很难骗过它们。就连说话的声音和脚步声等，也能让雌猴分辨出异常，它们会高度戒备，远离人类而去。

龙山岛上的吴师傅年事已高，慈眉善目，是3只猴子唯一可以亲近的人。一天傍晚，吴师傅又拿着食物走进猴房里，龙龙放松了戒备，它与吴师傅一同走进猴房里，吴师傅把门关上了。龙龙被关在猴房里，在门边观望的辣妹与丑丑，非常凶猛地咬伤了吴师傅。

龙龙被捕获之后，采用常规的方式捕捉两只雌猴已不可行。此时，我忽然想到：在检疫期间，辣妹屡次解开绳子，它获得自由之后，一刻不离地厮守在龙龙身边。在选择自由与龙龙相厮守这二者之间，辣妹都选择了后者。我把龙龙当"人质"，用绳子将龙龙拴养在猴房里，敞开猴房大门，引诱两只雌猴前来。

此计能否奏效，我心里也没有底。时过境迁，3 只猴子与生活在岛屿上的人们，结下了很深的仇恨，充满了敌意。

此后的日子里，两只雌猴就整天地绕着猴房走，在猴房的顶部和门边探视龙龙，发出"吱唉吱唉"的啼声，间或到湖边喝点水，又立即回来，不离不弃地守在猴房边。一天又一天过去了，两只雌猴的嗓子嘶哑了，越来越低沉的啼声如呜咽声。它们已无力啼叫了，神情呆滞地静坐在那里。第三天的下午，辣妹走进了猴房，自投罗网了。它紧挨着龙龙身边坐下来，异常平静。相隔一天之后，在猴房外面厮守的丑丑，也自动走进了猴房里，于是我将猴房门关上了。

我与 3 只猴子彼此对对方都有戒备。我走进猴房，站在它们面前，两只雌猴一动不动地坐在龙龙的身边，神情木然，哀伤的目光里透着几分凄凉。我蹲在它们面前，3 只猴子面对我相互拢靠在一起。龙龙在惶恐中怒视着我，张嘴龇牙，它的神情分明是要保护两只雌猴，不让我伤害它们。面对患难与共的 3 只猴子，我心里忽然充满感动，悲悯之心油然而生。我忽然发现，人与动物之间是心灵相通的……

猴房里空间大，常规的抓捕方式颇为困难，也会对猴造成惊扰和伤害。我试探着用手去撩它们的身体，辣妹和丑丑已经没有了抗拒之意，凭经验我可以徒手抓捕它们。果然，辣妹和丑丑没有反抗之意，我将猴的双爪反剪在背上，它们束手就擒。

3只猴子被抓捕之后，原计划是放养到西弯岛上。放养那天，牵龙龙的绳子突然脱落，龙龙逃脱了，故此我临时改变原先的放养计划，将两只雌猴放养到北大岛的猴群里。

两只雌猴与龙龙分离后，我和往日一样，每天驾船来到北大岛投食。然而，辣妹的异常行为越来越引起我的关注。每当我驾船到来之时，它就站在湖岸上仔细地看视我的小船，又缓缓地徘徊在小船边，往封闭的舱里打量，探视船上的每一个角落。眼睛像两束忽明忽暗的火苗，一会儿放射出火光，一会儿又像是被风吹灭一般，失神、呆滞。它黯然离去后，独自坐在树丛边或湖岸上，漠然地与喧闹进食的众猴们隔绝开来，不到喂养点上进食。

连续数日，辣妹都第一时间来船边，探视船上的每一个角落，最后都黯然地离去。我驾着小船到来，是乘载着它的希望而来，它是要迎接龙龙的到来。一次次失望的等待，似乎消磨了它的身心，它身体消瘦，神情日渐萎靡，眼睛空洞，黯淡无光。它木然地静坐的样子让人揪心，我从家里带来了猴爱吃的水果糖，向绝食静坐的辣妹身边抛几颗，一次又一次抛在它跟前，辣妹都无动于衷，糖果被迅速跑过来的众猴们抢吃了。

第六天，辣妹再没有出现，它失踪了。

几十年过去了，我每每想起辣妹寻觅同伴的眼神、黯然静坐时的场景，我都不禁泪流满面，它是我最难以忘怀的伙伴。

第十章　猕猴的智力和规则意识

猕 猴 的 智 力

在形形色色的动物世界里，当我们提到老虎的时候，就会联想到"凶猛"这个词，提到羊就会联想到"温顺"这个词，这就是不同的动物给人们留下的印象，也是对不同动物性格特征上的反应。在人们的心目中，猕猴聪明伶俐，活泼好动，反应敏捷，我们形容一个人的精明和快速反应能力，常常将他称为"猴精"。

猕猴活泼好动，争强好胜，它们有极强的应变能力。在群体里，个体之间经常发生争斗，当遇有外来个体时，又团结一致，共同对外，抵御外来威胁。它们趋炎附势，对强者表现得很恭顺，对弱者又盛气凌"人"。它们善于凭仗家族势力和亲近的"朋友"势力，以势欺猴，进行报复与反报复。猕猴非常容易较真，一个眼色或一个举动，就会引发一场争执或武力冲突。锱铢必较，睚眦必报。它们戒备心强，善于制造矛盾，挑起事端，经常用武力解决个体之间的矛盾，不放过任何报复对手的机会。它们经常卷入各种冲突中，冤冤相报。这种基因和现实生活的磨炼，使它们具有敏锐的观察能力、很强的防患意识和快速的反应能力。它们勇于抗争，在不可抗的暴力和逆境之下，又善于作出

妥协，顺从强者的意志，具有顽强的生命力。由于性格上这种
特点，猕猴被人类驯服。

据科学家研究，猕猴的智力大约相当于人类 3 岁幼儿，而黑
猩猩则具有人类 7—8 岁儿童的智力。我与同事之间也经常去探
讨这些问题，我们也很困惑，经常自我嘲笑说："猴就是人，人
就是猴。"在我们的眼里，猴与人类没有什么区别。只是在不同
的生活环境和生活状态下，各自谋生的手段和方式方法不同，各
有所长。人类与动物之间的区别在于：人是有无限欲望的动物，
为满足欲望，人类就会发挥出更大的潜能。

猕猴的智力相当于人类 3 岁幼儿的说法是不正确的。我与猴
长期接触过程中，实际感受到了猴的智力水平，可以说，它们的
智力令我感到很惊讶。正所谓"尺有所短，寸有所长"，人类低
估了猕猴的智力，在这里我将猕猴、短尾猴以及人的行为，作了
一个不是很确切的比较，供研究者参考：

记忆力

猕猴与人类一样，通过体貌特征和声音等，来记忆和识别某
一个体。猕猴对人类熟悉以后，它就能记住这个人，猕猴具有很
持久的记忆力。比如现对外开放的猴岛景点，管理人员天天与猴
子打交道，猴子认识每一位管理它们的工作人员。由于管理人员
对违规犯错的猴子，有时候要施以一定的处罚，而处罚的尺度则
因人而异。猴子能识别不同管理人员对它们的态度，并通过人的
动作表情，防备管理人员。遇见严厉的管理人员前来就显得很慌
张，想要逃跑。当这些平日对猴很严厉的管理人员调离了猴岛，

相隔三年后再来猴岛，猴子还是能从人群中分辨出曾经在此工作过的管理人员，像过去一样遇见他就逃。

西岛曾有两只人工驯养的猴子，由于天天接触，我也非常友善地对待它们，两只猴子与我非常亲密，我可以指挥它们表演节目。2001年初，我离开猴岛，此后三年，我未同这两只猴子有过接触。2004年初，我又回到西岛来，两只猴子还是和从前一样，与我亲密友好，我走近这两只猴子时，两只猴子立即靠近到我身边，并向它们的敌视者发出吼叫，眼睛不时地瞟向我，这是猴子在向我求助的信号，猕猴只有把我当朋友或主人，它们才甘愿接受我的指令或求助于我。猴子是不会向陌生者发出求助信号的，除非在主人的压力下，人工驯养的猴子才与陌生人发生接触。保守估计，猕猴具有三年以上的记忆力。

模仿能力

众所周知，猕猴通过驯养，能模仿人的行为举止，表演节目。一些拴养的猴子，还能打开极复杂的绳结，笼养时能取掉门锁，再设法逃脱人的羁押。在自然环境里，动物在与人类的接触过程中，它们的模仿能力体现在比照人上，如何去享用人的美食，以及分辨出食物之间的好坏。比如猴子能像人一样嗑瓜子、山核桃，将水果的果皮去掉。在一堆水果前，如果它们有充裕的时间，猴子会将每个水果都品尝一下，从中挑出最可口的水果。在对外开放后的西岛，由于猕猴长期与人类接触，看到游客手中的食品，就能分辨出哪种食品更好吃。在水果、糖果与巧克力之间，它们会选择巧克力。它们喜欢喝牛奶和果汁，从不去抢夺矿泉水。猕猴对食品的嗜

好、选择食品以及如何去除包装袋的方式与人相近，几无差别。如
何去喝饮料是最能反映不同品种的猴的模仿能力的，短尾猴的模仿
能力就要强于猕猴，雄性短尾猴又强于雌猴。我在航标岛和西岛看
到，年轻强壮的雄性短尾猴，几乎都能拧开瓶盖，拉开易拉罐，像
人一样喝饮料。而猕猴能打开瓶盖，像人一样喝饮料的，寥寥无
几，多数猴子是将瓶子咬破一个洞，喝饮料略显笨拙，没有短尾猴
娴熟。2004 年以后，在西岛猴群里，我只看到约有 5—8 只雌猴能
打开瓶盖，瓶口朝下喝饮料，大多数猴子是将瓶子咬破一个洞，瓶
口朝下也掌握不好。总体评价：如果人的模仿能力是五星的话，短
尾猴三星，而猕猴是一星或二星。

应变能力

由于猕猴的脸部表情和举止与人类非常相近，它们在同人类
的交往过程中，表现出很强的观察能力。它们能观察人的脸部表
情，判断这个人是不是友善，友善就接近，不友善就避开。并经
常作出试探性的行为，如瞪眼、在原地扑跃等示威行为来考验对
手，看你的眼神和表情是否有恐惧的神色，以此来判断你是强还
是弱，这也是警示你的行为已经冒犯它了。我经常到猴子聚集栖
息的树林里沿着一条小路上去走动，观察它们栖息时的行为。平
日，它们对我的到来习以为常，有躺在地上的，有坐在一起相互理
毛的，显得很平静。如果我带有某种对猴子不怀好意的图谋，比如
我要在猴群里寻找某只猴子，对某只猴子加以处罚等，尽管我表
现得自以为和平常一样，不露声色，但还是能引起猴子的高度警
觉，它们会纷纷逃离而去。

我参与过多次捕猴，方式一般是将网支起来引诱猴子到网里进食。这里且不说抓捕它们如何困难。猴子只要看见有人（放网的人员）埋伏在树丛里，在网边观望美食的猴子就会离开，弃美食而去。尤其是成年雌猴，其警觉性和观察力更胜于雄猴，对潜在的风险表现得非常敏感。其观察能力和对危险处境的判断能力，绝非一个6—7岁儿童所具有的。

猕猴与熟悉的人接触，除非与你很友好，让它感到信任，才会放松对你的戒备。否则的话，你表现出一点儿异常的行为，比如眼睛不似往常一样地瞄视它们，脚步的走动，神情的变化等，都会让它们看出破绽，引起它们的警觉，猕猴这种察言观色、见微知著的本领，要胜于短尾猴。与人类相比也毫不逊色。印象分：人五星；猕猴五星；短尾猴四星。

反应能力

敏捷的行动和快速的反应能力，是人类都不能与之比拟的。有人这样去试验猴子的反应能力：将食物快速地抛给猴子，猴子左右开弓，用爪子接住想要吃的食物。当人们试图掺假诱骗猴子的时候，一眼就被猴子识破，猴子就会拒绝接物。猴子在高高的树枝上跳跃，要借助树枝的摇晃以及自身的弹跳力、准确的判断力和快速的反应能力。在跳跃过程中，猴子能抓住细小的枝叶，即使一旦失足（这种情况很少见），从高空往下坠落，猴子在下坠过程中也能抓住细小的着力点，避免摔伤。

在突然遭遇外来威胁时，只要有一只猴子发出打喷嚏般"qi"的一声，猴群就能做出快速的反应，立即逃散。动物这种快速的反应能力，显然要超过人类。印象分：猕猴五星；短尾猴四星；人二星或三星。

认知能力

猕猴对自己的行为是否存在意识。是否具有认知能力，其行为所带来的后果，也心知肚明，譬如：一只外来的雄猴，侵害生活在该领地的个体，就会遭到生活在该领地上的猴子的群体性攻击，它会在群体未对它做出反应之前，就快速地逃离，并潜伏起来，并在一定时间里不与该猴群有任何接触。在游人面前，一些猴子的行为表现得非常诡异，它瞄上某游客包里的食品，它就会走到这位游客的身边，它的眼睛就像小偷一样，先看附近有无管理人员，及管理人员是否注意了它的行为，当管理人员盯上它，让它无从下手时，它就会跟踪这位游客，走到别处再伺机下手，它们有规避风险的能力。如果一只猴子出现违规行为，如抢夺游客的包、行为粗蛮、惊吓游客，那么这只猴子就会在今后的几天里，有意避开知情的管理人员，并很注意该管理人员的举动。而未违规的猴子，如果你无端地冒犯它，它就会很气愤，与你对抗，与你一争高下地吼叫，表示对你的愤慨。印象分：人五星；猕猴五星；短尾猴四星。

情商

在人们的眼里，除了人类以外，其他动物与"情商"一词都是没有任何关系的。在猴社会里，猴的智商不是简单地在某个方面进行比较，就能分辨出谁高谁低的，有的是一种意境和氛围，我很难用语言描述出来。我认为短尾猴是具有很高情商的动物，"家庭"和睦温馨，父母凝视小猴时眼神充满爱、纯情和温暖，这是人类久违了的眼神；失去双亲的年幼的小猴，在哥哥怀抱中长大；猴王对不受欢迎的外来雄猴，不通过武力，而是与外来雄猴促膝交谈，相互呲嘴嬉齿，通过语言交流，让对方离开这里。它们面对生活中的磨难，奋力抗争保护幼猴，又在无言中忧伤，无声胜有声……它们经常让我从心底里涌动出感动、悲悯，甚至为它们流泪……我害怕亏负它们，也经常想，人类在许多方面，应该向动物学习，洗涤人的心灵，多去看看动物的眼睛。我不知道情商与动物联系在一起是不是合适，但我始终认为：动物也具有很高的情商。印象分：短尾猴五星；人类四星；猕猴三星。

猕猴的规则意识

在自然界，一个物种要想生生息息地繁衍下去，自然形成一个物种的进化规则，适应生态环境以合理的方式生存下来的话，就要有规则意识。从大的方面讲，规则是延续这个物种的繁衍和发展的保障；从小处着眼，"无规矩不成方圆"。一个群体为了维持正常的社会生活秩序、共同抵御外来威胁、保卫生存领地等，这使得个体只能在一定的规则中行事，超越了这种规则，就会受到公众的处罚。那么，猕猴有哪些规则意识呢？

领地意识

猕猴生活的领地，相似于人类的"家"和"家园"的概念。是猕猴群体赖以生存、繁衍和哺育小猴健康成长的家园。猕猴的领地意识非常强烈，主要表现在以下几个方面：

一、领地是猕猴群体生活的家园。占有领地，它们在这片领地上拥有定居权、通婚权和生育权。领地是猴群"成家立业"之本。也是猴群共同生活的"物质"基础，"皮之不存，毛将焉附"。

二、领地归属性，实际上代表着猴的社会身份和地位，有"主""客"之分，占领这片领地群体里的成员，即为"主人"身份；非群体成员即为"客居者"身份。它们享用的身份和权益也不同。"主人"在行使权益的过程中，能包容地将部分权益下放，让"客人"赖以寄居，服务于猴群正常运行的零散群体和个体，也是"寄人篱下者"。

三、领地天然属于雌猴，猴王是在雌猴的授权下，管理这片领地，行使"主人"权利的。雄猴的身份如果得不到雌猴的认同，或不受雌猴欢迎，雄猴就要离开这片领地，或被逐出该领地，另觅生存之所。

四、领地是猴的精神家园，关乎猴的安全感、勇气与士气。猕猴这样的行为特性，使它们在占据的领地上对外来入侵者表现得很凶悍。离开自己的领地成为"客居者"，猴就会失去安全感，表现得很惶恐，无心争斗，当受到别的猴威胁时，它的选择就是逃跑。

等级地位意识

众所周知，猕猴社会存在等级地位。人们经常以武力来论"英雄"，看到体格强壮凶猛、尾巴翘起来的雄猴，就认为它是猴王；看到身体弱小的猴子，就认为它的地位低。这是不对的。猕猴社会的等级地位不是依靠武力来决定的，等级地位其实就是维持猴社会正常秩序、分配权益和地位的规则，是由领地、资历和势力来决定的。

领地 决定猴子的身份与地位，占有这片领地的"主人"，其身份地位就要高于"客居者"。"主人"即猴群里的成员；"客居者"即在猴群外围活动零散群体和个体，又称外围势力。如：未能加入到猴群的雌猴，等级地位就低，类似于"二等公民"，且它们没有与雄猴"通婚"的权益；外来雄猴表面看着强势，身份地位却很低，它们很受排斥，经常被欺凌，还经常被逐出该领地。

势力 势力是群体形成的威势和个体的权势。

猕猴"家庭"和"家族"意识很强，它们能够团结一致，共同对外。群体势力是建立这个意识的基础上，形成的团队势力和威势，用于捍卫领地，共同抵御入侵者，保护群体安全和正常运行的防御性势力，也是猴群履行规则的保障机制。

势力与等级地位之间关系非常密切，如猴王因为强势，才立于不败之地；"客居者"因为处于弱势，等级地位就低。一只外来雄猴身体强壮，论武力显然有优势，但它欺凌猴群里的成员，就会受到猴群的集体惩罚和报复。这让它不敢逞强，只能遵守规则。单独行动的雄猴，无论看上去多威武，因处于弱势，等级地位就低。

个体势力，是指个体在猴群里的权势。个体势力通常在猴群内部纷争中发挥作用：猕猴之间的争斗不是通过武力来分出高低的，而是通过比势力。当一方形成强势地位后，强者会主动出击战胜弱者。而弱者借助强者的庇护或参与争斗，胜负就能逆转，反败为胜。猴群里有母系家族势力和个体势力之分。

等级地位是存在一些变数的，如不同的领地，相同的两只雄猴，地位可高可低；低等级地位的猴子，会倚仗强势猴子的撑腰，它又可以战胜地位高的猴子。等级地位可以根据领地、势力的改变而改变。

资历　也就是人们所说的"论资排辈"，让不同身份与地位的个体在猕猴社会生活过程中有一个上升空间。资历是软实力，也是分享权利、获取等级地位的一道硬杠杠。资历与等级地位规则如下：

一、雄猴的等级地位：猴王是雄猴当中的佼佼者，它类似"部落"的首领。其次是后加入猴群称王的雄猴，它们比外围活动的雄猴地位要高；未离开母群的年轻雄猴，比外来雄猴地位要高；先流入来的雄猴，比后来者地位要高。

二、雌猴的等级地位：辈分越高的雌猴等级地位就越高，辈分高的雌猴是猴群里的长者，最具有话语权，经常为子女、亲属代言，寻求公平地解决事端，制约违规者，维持母系家族间的平衡，它们是猴群内部事务的管理者。它们当中最有权威的雌猴与猴王的等级地位可相提并论，毫不逊色。

三、猴妈妈在猴群里属中间地位，母爱是天性，也赋予自我保护的正当性，猴妈妈具有话语权，在保护儿女时，强势欺凌属违规行为，猴妈妈会通过叫声博得公众的支持，从而维护自身的权益。在母子单元中，猴妈妈的地位最高，是单元中的长者。最年幼的子女地位要高于它的哥哥姐姐，因为，年幼的子女得到猴妈妈更多的呵护，若哥哥姐姐欺负年幼的小猴，就会受到猴妈妈的处罚。在猴妈妈身边的子女，越是年幼的子女，地位就越高。雄猴长大后，在猴妈妈身边地位就越低。

四、年轻的雌猴地位低，在有猴妈妈参与的集体行动中，它们也像年轻的雄猴一样，被边缘化。而做了猴妈妈后，地位就会晋升。

五、除了猴王及后加入的雄猴。别的雄猴在猴群里，是没有话语权的，所作所为要亲自去应对，它们是没有地位和帮扶者的弱势群体。

通婚规则

一、雄猴之间竞争，雌猴一起参与互动。在互动中，雌猴对表现优秀的雄猴，产生"爱慕"之情，并两情相悦结合在一起。

二、"走婚"，在母群里长大的年轻雄猴，独立后就要离开母群，到别的猴群里"走婚"，进行种群间的杂交，形成种群之间的生态链。雌猴生育子女后就永久性定居在猴群里，将猴群繁衍和传承下去。

三、"客居"的雌猴没有与雄猴"通婚"的权益，"客居"的雌猴可以平安地生存下来，一旦有雄猴居留下来，雄猴就会遭到强势猴群的攻击，并被逐出该领地。

群体攻击

我称之为"清理门户"与惩恶。猕猴社会对违反规则者，有一个惩罚和约束机制。通过猴群这个"团队"的强大威势和凝聚力，将违规的猴子驱逐或置之死地，以保持规则的正常运行。由于被处罚的猴子个头比较大，人们通常将这种集体惩罚性行为，误认为猴群是在竞争猴王，这纯粹是人们的误解。

公平规则意识

寻求公平是动物的一种本能。尤其在获取食物方面，就显得极为突出。譬如，在猴群聚集一起的时候，我手中拿着一个苹果要给它们，公平的分配方式，就是将这个苹果丢给它们，让它们去争抢。通过争抢，某一个体获得这份食物，这就是通过公平竞争获得的，也是能获得公众认可的，未获得食物者就表现得比较平静。如果我将这个苹果，根据我的主观意愿，给予某一只猴子，这就会出现这样几种情形：我给予地位最高的猴子，它获得这份美食，别的猴对它"敢怒不敢言"，它可以安全地享有这份美食；而普通地位的猴子，它就不敢接受这份美食，因为那样会引来众猴的公愤，遭到猴群的撕咬，它只能丢掉到手的食物，让别的猴去争抢。因此，当你给一只猴子食物，它不敢接；或将食物丢在它跟前，它却不为所动，装作没有看到一样，反而对你表现得很恼怒，这表明它不能接受这份食物，这是规则使然。猴群中这种分配方式实际上与人类通过正当途径合理地获得财物，不会招来别人的嫉妒，是一样的道理。

人类有同情弱者之心，看到猴群中有弱者，就设法将手中的食物给弱者，这是最不可取的。因为这样会给弱者带来"横祸"，被众猴撕咬。

为什么与人非常亲近的猴子，会被猴群排斥，为猴群所不容呢？因为它从人的手中能优先获得食物，或独自享受食物，破坏了公平获得食物的规则。另外，与人亲近的猴子，会借助于亲近的人的势力来压制它的同伴，破坏公平竞争的规则，这显然是违规的。

优先保障规则

在猕猴群体里，猴王及一些强壮的雄猴会优先获得食物，这其实是人们的误解，只是一种表象。实际上，在猴群里是雌猴与小猴最优先获得食物的。

一、雌猴与小猴有优先选择和占据食物资源最丰富的区域觅食；雄猴（除了猴王）则只能在边缘地带觅食。

二、在争抢食物时，雄猴在数量较少的雌猴跟前，显示出一定的优势，雄猴常常能优先获得食物；当雌猴与较多的小猴聚集在一起争抢食物时，雄猴都会自动退出来，在边上观望或离开，由雌猴和年幼小猴去分享食物。

三、雌猴与它的子女在一起争抢食物时，处于最佳位置的是雌猴与年幼的小猴，其次是年轻的姐姐，年轻的雄猴则居于最不利于获得食物的位置。

小猴进食规则 在猕猴社会里，幼猴离开了母乳喂养，小猴就要自食其力，猴妈妈手中有食物，也不会主动喂给小猴。在对食物的占有方面，猴妈妈表现得非常吝啬，对小猴不管不问。但年幼的小猴，通常是在猴妈妈的带领下，获得比哥哥姐姐更优越的进食点，小猴可以在猴妈妈及长者跟前争抢食物，猴妈妈手中拿有食物时，小猴也可以纠缠猴妈妈，从猴妈妈手中争抢食物。无论是猴妈妈，还是其他长者，对小猴抢食都持一种较包容的态度。但小猴在"懂事"后，在长者跟前进食就有这样的规则：当食物较少或只有一份食物，小猴就不能前去争抢，地位高的长者有优先获得这份食物的权力，否则，小猴就会被长者处罚。如在逗喂猴子时，你将花生和其他食品一颗颗地抛给猴子时，小猴只能在边上观望，不能前去争抢；你要想小猴也能获得一份食物，你就要增加投食量，小猴就可以参与争抢。它们基本遵循这样一个原则：在身边的长者能获得一份食物的前提下，小猴就可以争抢；否则，小猴就不可以争抢。因为未获得食物的长者，就可能迁怒于小猴的违规行为。

活动区域规则　活动区域根据"主人"和"客人"的身份来区分，猴群里的成员是"主人"，它们有权享用食物比较丰富的区域，"客人"只能在它们占领的区域以外活动。

猕 猴 照 镜 子

猴子的好奇心很强，它们像小孩一样对新奇事物感兴趣。我在工作中就发现猴子很喜爱照镜子，如猴子经常捡到有色玻璃碎片、啤酒瓶之类的，将玻璃片贴在眼睛上，观看天空和周围的景观。一位女导游将小镜子丢给猴子，猴子捡起镜子就惊慌失措地将镜子丢掉，随后又小心翼翼地捡起镜子，不停地照，走路时还

带着镜子，坐下来就不停地照。一面镜子呈现猴子百态，颇有情趣。1999 年，管理部门对千岛湖各景点进行提升改造。对外开放的千岛湖猴岛进行第二次改建时，我建议在游览区里设一面镜子和能让猴子表现出自然情趣的一些设施。我的建议大部分被采纳了，管理部门在游览区里设立了一面大的镜子。

开始，猕猴对这面镜子非常好奇，在镜子前面经常会聚集众多的猴子，它们向镜子里的影像大吼大叫，还在镜子上扑打，把镜子里的自己当成敌人和外来的陌生猴子，与镜子里的自己较劲。但这种情形很快就平息了，猕猴能坦然地来到镜子跟前照镜子，小猴经常在镜子上攀爬玩耍。2006 年，这面镜子被毁坏，未再修复。而猴子对照镜子的兴趣却经久不衰，一些猴子就经常到洗手间来照镜子。

洗手间坐落在山脚，靠近山坡，光线阴暗，尤其墙面是黑色的瓷面装饰，走进里面黑沉沉的，且出入只有一扇门。这种阴暗较封闭的屋内，经常人来人往，很不安全，猕猴害怕被擒通常是不太敢进入的。如云蒙主岛猴房原是为了给猴喂食而建的，我曾将饲料投在猴房里，猴子只将门口的饲料吃了，屋里面的饲料经常原封不动，故此，我才将饲料投放在屋外面。可见，猴子的警惕性很高。但是，猴岛洗手间里有一面镜子，却常常吸引猴子前来，它们候在门前的横梁上，在无人的时候，就跑进去照镜子，用爪去抚摸和拍打镜子。2007 年 6 月，镶嵌在墙面的镜子，就让猴子给打碎了，碎镜片被就地掩埋掉。猴子不知如何发现了碎镜片，一些猴子不时捡一块碎镜片，坐下来认真照看，很痴迷的样子，还一刻不离地拿在爪子上，走路或攀爬时腾不出手，就把碎镜片衔在嘴里，它们对镜子钟爱有加。

很久以前，我曾看过一篇报道：国外一位学者研究"猴子照镜子时认不认识镜子里的自己"这一论点，似乎没有定论。我作为长期观察猴社会行为的一位普通工作者，可以普及一下这里面的科普知识。

猴子照镜子不像人一样有非常直观的举动，拿起镜子除掉脸上的污垢，或给自己梳妆打扮。那么，猴子是否会认出镜子中的自己呢？我的回答是肯定的，我的理由如下：

一、猕猴的戒备心很强，即使是生活在同一群体中的同伴，也会保持应有的警惕性，察觉对方的一点不友好的神态，就会逃避开对方，不让对方靠近。猕猴对陌生者尤其会表现出强烈的敌视和排斥情绪，更不会让陌生者接近。也就是说，如果镜中的影像是陌生者，猴就会出现刚接触镜子时的情景，丢掉镜子，表现出十分惶恐的样子。它们会向陌生者吼叫，发出攻击性的举动等，而不会将镜面贴到跟前，让陌生者接近自己。也就是说，当猴子坦然地去面对镜子，对镜子中影像没有情绪上的变化，表现得很平静时，说明猴子已经能够识别出镜子中的猴子是自己。

猕猴的认识方式同人类一样，是通过容貌、形体和声音等来识别。大多数猴子很怕蛇，我们经常将一条仿真蛇突然丢在猴子跟前，猴会吓一跳，但猴很快会识别这是一条假蛇，随后就坦然面对。猕猴看镜子时也一样，开始将镜子中的自己当成陌生猴子，与镜子中的自己较劲，但很快会认识到镜子里面的猴子就是自己，从而坦然面对镜子。

二、猴子照镜子时，它经常将镜子侧斜过来，对照两旁的景物或天空，留有一点视角，来观看镜中的景物，又不时放下镜子，朝四边的景物看看，比对镜中看到的景物。我看到过这样的一些场景：一只雌猴照镜子时，有两只小猴跑过来，来到它的身边时，这只雌猴就将镜子举到两只小猴的跟前，照着两只小猴，又将镜子侧斜过来，让自己也能看到镜中的景物。还有一位猴妈妈在忘情地照镜子，它似乎要破解镜子中的奥妙，它将身边儿女的尾巴放在镜子上照看，还将镜子贴在小猴的身体上，并反复摆弄位置，竟没照到满意的景象。

三、一些猴子在照镜子时，会用爪子去擦拭镜面，除去镜面上的污垢，使镜面更清晰。我看到猴子有更聪明的做法：在湖边，一些猴子将拾的镜片放到水中浸泡，然后再用爪子擦拭，将浸泡过的镜子，平放在草丛或地上擦拭，如打磨一样。

冬季里，猴群经常在我们驻地的湖岸边沐浴阳光，这里是一个避风的港湾。一天，猴群又集中在裸露的湖岸边晒太阳和玩耍，出于工作习惯，我走到猴群集中的湖畔边，与猴相伴。我在湖岸边走动时，看到有一道耀眼的光芒照射到丛林中，我定睛一看，原来是一只猴子在玩弄一面镜子，光芒从它爪子上拿的镜子中传过来。它见我来到之后，就把镜子衔在嘴里跑开了。

断 臂 疗 伤

猕猴在野外生存过程中，因自然性因素、外来侵袭，以及被猴群撕咬等，会出现很严重的创伤。神奇的是，它们通过自我疗伤即能很快地令伤口愈合，炎热的夏日里，也不出现发炎等症状，撕裂的伤口竟愈合得毫无痕迹。一位同事说：他看到一只猴子采摘栀子木叶子，将叶子嚼烂了，敷在伤口疗伤。在我们当地，以前上山砍柴等，碰到创伤，也经常采用这种土办法：采摘这种叶子，在嘴里嚼碎后，敷在伤口上，能止血消炎。

2007 年 8 月，年老的 13 号雌猴，它的右手臂从手掌到胳膊肘上都已坏死，发黑的皮肤包裹着筋骨，像枯木一样，吊在臂膀上。过了十多天，我看到这只老年猴子，像截肢一样，将坏死的胳膊，从根部一起去掉了。从臂膀处还未愈合的伤口来看，应该是它自己将坏死的胳膊咬了下来。这种自断手臂根除疾病的方法，在人类看来，也是非常高明的治疗方法。这年底，因上海一家研究所需要两只老年猴子用于科研，我便将这只老年雌猴抓住，我见它断臂的伤口，早已经愈合，从它的档案推算它的实际年龄是 29 岁了。

浅谈"猴养不熟"

人们常说"养不熟的猴子"。其实，猕猴在与人类接触中，它们具有很强的理解能力，人们喜闻乐见的驯养猴子表演，就是猴子理解人的意图，按照人的主观意志去做的。猴子在执行人的意志时，有对利弊的权衡，它们能抗争则抗争，当它们的耐力"拗"不过人的暴力时，为了避免或减轻人类对它们的暴力处罚，而不得不去屈从人类的意图。它们会与驯养员"斤斤计较"，在驯养员疾言厉色中"消极怠工"。

猕猴有丰富的情感，不是说从人手中得到食物，喂饱肚子，就会像狗一样忠诚地依附于主人。它们就像人类一样，具有独立性格和是非观。如果有同伴，它们总是先站在同伴一边，你对它的同伴不友好，对它也是一种伤害，它会为同伴打抱不平。天天给予它美食，也未必让它们待见你，物质与保持独立性方面，它们分得很清。你不能在猴子跟前宠爱你的小孩，给小孩吃猴子吃不到的食物，那样的话，猴子会嫉妒，会敌视你的小孩。你得像精心呵护自己的小孩一样，经常抱抱它，爱抚它，把它当作你家的小主人，它会与你家的小孩争宠，显得更精于世故。它们会比小孩更加顽皮与好奇，将你的家里搞得一团糟，也会给你带来财产损失。当你感到很气愤时，猕猴知道犯错了，它会十分小心地防备你对它进行处罚，你即使拿着食物走向它，它也会避开你。因为，你稍微带有一点愠怒的表情，也瞒不过它。你得要有足够的耐心和爱心，等到你气消了，心平气和了。犯下过错的猴子就会主动到你跟前来，进行试探性接触，目光很哀怜地看着你，表现出可怜兮兮和十分惶恐的样子，要与你修好。如果它察觉你还带有愠怒神色，它又会躲开你，直到你完全心平气和以后。

但你不能寄希望于它们改正错误，"吃一堑，长一智"的要求对猕猴而言是苛刻的。它们可能多次打碎你的茶杯，直到对杯子不再有兴趣，仅此而已，当另一样新物品出现时，又会故技重演，毫不厌倦地去玩弄。它们爱照镜子，看到镜子里自己的影像后，就敲打镜子。在猴子跟前播放影像画面时，它们开始就像羞涩的小孩子，要躲藏在大人身后，又禁不住好奇地去瞧，会对画面感到惊奇，它们将播放影像的东西当怪物一样，战战兢兢，又欲罢不能地要探个究竟，在不同部位都会察看得很仔细，比如对摄像机的镜头会瞧了又瞧。它们对新奇事物的好奇心，你是没有办法将它泯灭的。

它们知道偷东西，也堪称高手，会让你防不胜防。有食物时，非常浪费，它们会从食物当中挑好的，从好的食物当中挑精的，比如放一大堆桃子在它们跟前，它们会在每个桃子上咬上几口，来挑选味道最佳的桃子；一颗玉米粒也能吃出粗精粮来，吃半颗丢半颗，最后捡吃丢弃的残羹剩饭。

第十一章　猕猴的失踪与死亡

猕 猴 群 体 里 的 数 量

从理论上说，一个猕猴群体的个体数量，可以无限地增长。事实上却并非如此，一个猴群数量的增长，与猴群是"家庭"与"家族"性结构、领地、食物的供给有关，达到一定数量后就会呈缓慢增长态势，或处于饱和状态。上一年生育的小猴数量与流出去的猴子数量相抵，能够保持平稳的状态。如"家庭"性结构，猴群数量增加至 60 只左右，是一个节点，之后基本处于饱和状态；猴群数量要再上升，就需要"二王""三王"加入进来，呈母系"家族"性结构，这样，猴群数量才能更上一个台阶。当增加至 100 只左右时，又达到一个节点，猴群又会出现增长停滞性。

以千岛湖猴岛为例，该猴群食物保障充足，有管理人员饲养和游客补给。没有进行抓捕（为提供驯养猴，偶有抓捕 1—2 只小猴），群体的发展顺其自然。该猴群在不同的时期，数量不同。

1997 年，千岛湖猴岛猕猴数量是 41 只。1998—2005 年增加到 70 只左右，其间每年生育小猴在 20 只左右。2005 年，熊猴笨笨和雄性猕猴小将一同加入到猴群里，猴群里的数量比原先有较快和持续的增长；2006 年增加到 87 只；2007 年增加到 98 只；2008—2009 年 11 月，猴群里的实际数量增加到了 110 只，其间每年生育的小猴在 35 只左右；2009 年 12 月初，猴王文文死亡，猴群里的数量却持续增长；2013 年达到 180 余只。

我们以猴岛、北大岛两个猴群为例。云蒙主岛猴群种猴数量是 1 雄 21 雌。该猴群 1986 年出生 15 只小猴；1987 年出生 9 只；1988 年出生 11 只小猴，共出生 35 只小猴。截至 1998 年年底，该猴群里的总数量应是 57 只，而实际数量只有 51 只。而在 1989—1991 年间，该猴群又生育了 42 只小猴（1989 年 14 只，1990 年 13 只，1991 年 15 只），该猴群里的总数量应增加到了 90 多只，但截至 1991 年年底，该猴群里的实际数量也只有 68 只。

北大岛猴群种猴数量是 2 雄 11 雌，1988 年补充了 2 只雌猴，后有 1 只雄猴失踪，种猴数量是 14 只。1986 年出生 3 只；1987 年出生 11 只；1988 年出生 8 只，共出生 22 只。截至 1988 年年底，该猴群总数量是 39 只，后流入 3 只。而在 1989—1991 年，该猴群共生育小猴 26 只（1989 年 10 只，1990 年 9 只，1991 年 7 只），截至 1991 年年底，该猴群总数量是 52 只。

我在不同的猴群里统计个体数量时，都出现同样的现象：猴群新建立时，在前面的 2—3 年时间里，因生育的小猴还幼小，猴群中生育的小猴数量加上种猴数量，其数字基本保持吻合，猴群数量增长快。当猴群中新一代小猴步入青春期后，小猴就要开始离开母群。种猴数量基本保持不变，猴群里生育小猴的数量与猴群增长的数量则会呈现不相符的现象，出现停止甚至负增长的情况。

1985—1989 年，我们分批放养的猕猴种猴数量是 83 只，而实际幸存下来的只有 50 余只，除了被猴群咬死者，20 多只种猴下落不明。

云蒙列岛失踪的猴子数量保守地估计，每年失踪猕猴数量在 30—40 只之间。20 余年里，失踪猴子的数量应该在 600—800 只之间，这是一个非常庞大的数字，远远超出了现居留在岛上的猴子的数量。四周茫茫的水域，也未能阻止雄猴向外拓展的脚步。

猕 猴 如 何 认 识 生 与 死 ？

猕猴对死亡有着深刻的认识：当我们去抓捕一只健康的幼猴时（猴子越幼小，群体反抗性就会越激烈，抓捕一只三四岁或成年猴子，群体反应就比较平静），猴子们会立即聚集起来，把捕猴者包围起来，它们会不断地冲击捕猴者，气势非常凶猛。幼崽夭折后，猴妈妈会抱着夭折的幼崽，不肯丢弃。因为死后的幼崽散发出强烈的臭味，管理人员会设法将死崽取走，掩埋掉。被拿走死崽的猴妈妈会反应很激烈，一些猴子也会以围观和吼叫的方式声援失去死崽的猴妈妈。但猴群表现平静，不会去攻击管理人员。每年死亡的幼崽，除了管理人员取走掩埋掉之外，大多是猴妈妈自己处理的。而猴妈妈将死崽如何处置、丢在什么地方，这是不为人知的。

猕猴小丁丁的死亡，是我见到的猕猴社会里最为隆重、场面最为壮观的一场生死诀别。

猕猴小丁丁生活在千岛湖猴岛,它因患疾病,后肢瘫痪,只能靠前肢挪动身体走路。毛色蓬乱,失去光泽,身体非常弱小,看上去就像 2 岁的小猴一般大小。小丁丁经常到猴趣亭下面进食,当猴群受到惊吓四处逃散时,它们看到小丁丁行动不便,缓慢行走,就纷纷前来殿后,向惊扰它们的人们发出吼叫,保护小丁丁,等小丁丁安全撤离后,猴群才会散去。小丁丁一直受到猴群的保护和关爱。

2005 年 9 月 24 日,我来到猴群栖息的地方,要沿一条小路往山下走。这时候,一些猴子就会在小路上阻止我前行,怒不可遏地向我吼叫,向我发起攻击性举动,猴群也从四面八方向我包围过来,群情激愤地向我吼叫……猴子们兴师动众,如此激烈的反应和反常举动,让我感到莫名其妙,这更是激发了我的好奇心。面对层层围过来的猴子,我抱起一块大石头猛地往地上砸,此举将围攻我的猴子们震住了。它们纷纷爬上树,给我让开了道。一些猴子仍不甘心,围在我的身边,伴随我从小路往树林的深处走去。在树林里的猴子,情绪激动地向我吼叫着,跟踪我前行。我走到一处树林中,看到猴王文文、红脸、小将还有乌脸都围在小丁丁身边,小丁丁已经奄奄一息,它全身抽搐痉挛,不停地在地上翻动着,痛苦地发出微弱的呻吟声……乌脸见我到来后,试图抱起小丁丁离开此地。但小丁丁不停地抽搐和挣扎,乌脸抱起小丁丁,小丁丁就从它怀中挣脱出来,乌脸几次尝试都失败了……我站在小路上,小丁丁就躺在路旁的树丛里抽搐。此时,猴王紧贴在我身边,目不转睛地怒视我,摆出要与我开战的架势。红脸、小将还有熊猴笨笨也一同站在我身边与我对峙,警惕地盯着我的一举一动。在树林负责警戒的猴子们也纷纷围上前来，它们不停地向我发出吼声，显然，它们都尽力地保护小丁丁走完最后一程。我知道此时我已经触碰到猴子们的底线了。为了表示友善，我静坐在一处，安分地看着眼前的情景：此时，小丁丁休克过去了，它静静地躺在地上，乌脸不停地用爪拍小丁丁，又一边抚摸着小丁丁的身体，小丁丁没有苏醒过来。乌脸坐在小丁丁的身边，久久地凝视着小丁丁，为小丁丁理毛。当乌脸缓慢地离去时，与我对峙的雄猴也退下了。围观的猴子们停止了吼叫，它们纷纷走过来，凝视着小丁丁，抚摸、翻动它的身体，拽着小丁丁在树林拖动。猴子们像传递接力棒一样，拖动小丁丁的身体，它们将小丁丁拖到一个不为人知的地方。小丁丁在我眼前消失后，猴子们也离去了。

猕猴对死者的"态度"，也看得出爱憎分明，因猴而异。如猴王文文被狗咬死后，我去挪动猴王尸体，将它从湖边抱上来，猴子们就纷纷追逐向我吼叫，一路监视我的行动。它们走到文文身边探望，乌脸和小猴给文文理毛，表达哀思。

一些猴子因恃强凌弱而引起公愤，遭到猴群进攻而致死，那么，它的死就"轻如鸿毛"，众猴就不会去理会它的死亡。

拖动死者，实际上是生者对死者一种救援行动。我发现被猴群咬死的雄猴，死亡地点通常都在水边，身体泡在水里或头浸在水里。这是因为被群猴撕咬不会立即毙命，它们将没有抵抗能力的猴子，拉进水里或将其头部浸在水中，是为了将它淹死。因此，将浸在水里的猴子拖上岸来，可以将奄奄一息的猴子从死亡线上拉回来。猴子受到重创，力气衰竭的时候，及时拖动伤者，使伤者从昏迷中苏醒过来，挣扎起身，便有机会使其活下来。

年轻的小虎，身体强壮威武挺拔，具有较强的攻击性，它经常违规，被猴群逐跑时，它爬上树，面对猴群的小打小闹，显得很不服气，向众猴做鬼脸：不停地努嘴，嘴巴咂巴成"O"形，翻眼帘露白，一副鄙视众猴的神情。我们称它"努嘴的猴子"。2010年3月10日，我们发现小虎被猴群咬死了，头部浸在水里。

猕猴是感性动物。一次，我们抓捕了一只行为不端的雄猴，我们将它拴养在树上。当管理人员离开时，一大群猴子就围上前去，扑上去撕咬无反抗能力的雄猴，众多的围观猴也摩拳擦掌、吼叫助威。这时候，猴王文文前来，凑上前去阻止了众猴的撕咬，猴王将雄猴按在地上，用爪子拍它的头，嘴巴也贴在雄猴身上，那只雄猴已经瘫软如泥，它不停地向猴王嬉齿，一副哀怜的样子。猴王文文最终放过了可怜的雄猴，带着众猴离去了。

猴妈妈的丧子之痛

雌猴生育的幼猴不幸夭折以后，猴妈妈仍会将幼崽尸骸抱在怀里，不肯丢弃，短者三五天，长则十天半月。1988年3月，在云蒙主岛的猴群里，一只雌猴将幼猴尸骸抱在怀中达27天之久。有的猴妈妈将幼崽的尸骸丢弃，一两天之后，又重新捡回来，抱在怀中，对死崽念念不忘。

2011年6月2日，叶子前一天晚上刚生了小猴，臀部还留有一片血迹，它抱着新生育的幼崽来到日池边，看到远人村边有

人投食，叶子就过去了。因产后身体虚弱，尾部疼痛，它走路非
常艰难，在路途中几次停下来。两天后，叶子来到游览区，这时
幼崽已无力气，只能抓住猴妈妈的腹部，6月6日，叶子生育的
幼崽夭折，在树丛里，叶子将死崽安放在地上，专心致志地给死
崽理毛，发现我到来后，叶子抱着死崽爬上树，在树上，它又开
始细致地给死崽理毛。

　　一天，管理人员孙师傅给猴子投食，叶子将死崽放在身边，
竟自进食时，孙师傅趁叶子不备猛然扑上去，慌乱中，叶子丢下
死崽逃窜，孙师傅乘机将死崽取走。当去安葬死崽时，叶子尾随
前来，它的子女也一同前来，一些猴子也跟过来观望。死崽安葬
后，叶子就跑上前去静坐在死崽安葬之处，它的神情很是哀伤。

　　叶子是祖母，也是一位很优秀的妈妈。在这之前，叶子生的
小猴前肢受了伤，留下一个铜钱般大小的伤口，当小猴来到叶子

身边时，我经常看见叶子握着小猴的爪子，用舌头舔小猴的伤口，为小猴疗伤。年幼的小猴通常在猴妈妈身边玩耍，小猴非常顽皮，它们会悄悄离开猴妈妈，跟随同伴到远处去玩耍。2010年8月的一天傍晚，夜幕开始降临，顽皮的小猴还没有回到叶子身边来，叶子独自来到日池边，不停地发出"哼嗯哼嗯"招呼小猴的声音，它的啼声很是急促哀婉。叶子细心地围着水池查看了一遍，目光向树林里四处搜索，又向远处的岛屿发出长长的啼声。叶子在游览区搜索了一遍，就急促地往一片树林走去。叶子似乎不甘心，又回到水池边来，在高处远望过去，当听到远处有小猴啼声的时候，叶子"吱唉唉"急切地啼叫着，它迅速地从日池边向猴影桥方向跑去，当叶子发出明快的啼叫声时，我知道：叶子找到了小猴了，它们相聚了。过了一会儿，叶子领着小猴到亭边来，小猴身上还是水淋淋的，显然小猴是在湖边玩水，忘记了回到猴妈妈身边的时间。

叶子体格强壮，在猴群里，叶子原本很活跃，游客来了，看见游客包里有食物，就会避开管理人员，抢夺游客手中的包，是管理人员重点关注的对象。叶子的幼崽夭折后，它一度匿迹，当它重新出现时，身体非常消瘦，神情呆滞，常常独自静坐在一处，行动也很迟缓，像变了一个模样。它常常将两岁的女儿抱在怀里。因为孙师傅从它"手"中抢走了夭折小猴的尸体，它对人类就有了戒备心。一次，叶子带着两岁的女儿栖息在一棵松树上，女儿看到树下有人投食，就从猴妈妈身边溜下树来，与猴子们一起争抢食物。这时，在树上观望的叶子见我走向前去，惊慌地发出"嘎嘎"的叫声，迅速从树上冲了下来，抱起自己的女儿，离开此地。女儿却不安分地挣脱了猴妈妈的怀抱，又跑向投喂点。叶子惊慌地看着我，毅然地将女儿揽在怀里，离开了此处。

幼崽的夭折对叶子似乎打击很大。一次，叶子的另一个女儿静子抱着幼崽来到它跟前，幼崽在身边玩耍时，叶子将幼崽抱在怀里，女儿静子是急性子。它要从叶子怀里抱回自己的孩子，两只猴子一个抱头一个抱尾，互不相让。静子不停地向妈妈龇牙哀啼，看到这种情景，叶子才松手，让幼崽回到猴妈妈怀里。

叶子的幼崽夭折后，它的性情变了，它经常静坐在一处，看上去郁郁寡欢。别的猴去争抢食物时，叶子也一动不动、独自发呆，没有食欲的样子，也不再抢夺游客手中的包，它的身体也越来越消瘦。2012 年，叶子失踪了。

2011 年 2 月 11 日上午，雌猴破鼻去年生育的小猴死掉了，大概是由于春节游客多、食物丰富、饮食不当的原因。破鼻在树丛里不停地给死掉的小猴理毛，亲吻小猴。许多游客围观过来时，破鼻警惕地抱着小猴离开。以后几天，破鼻再未出现。

2 月 18 日，有人报告：在池边的树丛里，发现一只死亡的小猴，知情的管理人员不约而同地想到是破鼻雌猴的孩子。小猴的尸首已经腐烂。当一位管理人员用钳子夹着腐烂的尸首，拿去安葬时，不知在何处玩耍的破鼻雌猴，立即从一条小路上奔跑过来，它追逐着管理人员，像是要拿回它的东西，不停地吼叫着。众多的猴子也从小路上和树上奔跑而来，发出吼叫声，似乎是在声讨人类的无理。

小猴被安葬后，破鼻雌猴与众猴都守望在那里。隔一段时间再去看，众猴已经散去。只有破鼻雌猴带着它的两只小猴，仍坐在那棵树上，凝视着小猴安葬的地方。年幼的小猴要破鼻雌猴抱，破鼻雌猴却静坐着一动也未动，小猴因为受了冷落，啼叫着从破鼻雌猴身边跑开，独自坐在一处啼叫不停。

老 年 猴 的 死 亡

　　猕猴社会中有一个奇特的现象：行将死亡的老年猴，它们会离开猴群，独自去面对死亡。

　　2000 年，因当时猴岛改建，找大部分时间都住在云蒙主岛北端废弃的鹿园处。居住在该岛的猴群，偶尔光顾此地。10 月初，编号为 38 号的雌猴独自在我驻地边走动（此猴脸部编号很清晰），它身体瘦弱，行动非常迟缓，毛发蓬松无光泽，老年特征明显。在驻地边有一座围墙围起来的小鹿园，原是圈养小鹿用

的。该猴常常在小鹿园内静坐，偶尔到我们驻地的门前走动，不畏惧人。当我试图接近它时，该猴眼睛很是哀怜地望着我，带有一点惊恐，频频向我嬉齿，笑脸相迎一般，其神情非常和善，它每天独自静坐在小鹿园里。它食欲减退，给它食物，大多时候引不起它的兴趣。它独自生活2个多月后，于2000年12月23日死亡。在它来日无多的日子里，它选择了孤独地去面对死亡。

该猴的动物档案记载：1985年7月4日，来自河南南阳。在中科院上海动物房检疫，身体健康，年龄13岁。1985年10月放养云蒙主岛。实际死亡年龄：28.5岁。

类似的情形在对外开放的西岛上也曾出现过。2005年，相继有两只老年雌猴经常到我们管理处这边来，独自静坐。岁月褪却它们应有的灵动和野性，无神的目光哀怜祥和，透着黯然的神情，它们与人的目光接触时，脸部就绽开笑容，夸张地嬉齿，端坐安详，静静地凝视着人们，似乎在探究人类的生活，又像是在与熟悉的人们依依惜别。

2007年，上海一家生命研究所要用25岁以上的老年猴子做实验，多年不见的王教授，也特地从上海来到千岛湖。借此机会，我对四个猴群幸存的种猴（老年猴）作了统计：北大岛幸存2只种猴、云蒙主岛猴群有3只、西岛2只、西弯岛1只，共8只。这些幸存下来的猴子，都是清一色的雌猴，它们的年龄都在25岁以上。对这些耄耋之年的种猴，我有一种眷恋之情，它们伴随我度过人生最美好的时光，我想让它们安度晚年，所以我不忍心去惊扰它们……

在猴群中，定向地抓捕一只老年猴，显然是很困难的事情。然而，老年猴喜欢独处的生活状态，又给我提供了抓捕它们的良机。2007 年 12 月，在没有惊动外出游玩的猴群的情况下，我抓住两只老年猴。2008 年初的大雪使运输受阻，未能及时地将它们运往上海，它们被滞留在千岛湖猴岛。因饲养条件的限制，虽然采取各种保护措施，但是编号 13 的雌猴还是死亡了，实际死亡年龄是 29 岁。

编号为 22 号的雌猴，则平安地度过了寒冬。2008 年 2 月被运到上海，用于老龄猴实验。动物档案记载：该猴来自河南南阳，放养年龄 5.5 岁，1985 年 10 月放养于云蒙主岛，实际年龄27.5 岁，身体体征表现正常。

西岛的两只老年种猴，2008 年死亡一只。现还幸存的是1988 年放养的一只雌性种猴，该猴行动很谨小慎微，遇见人就逃。我曾屡次尝试接近这只老年雌猴，而只要我远远地看它一眼，它就形色慌张地跑进树林里，躲藏起来，它们比年轻的猴子要更加难以接近。它不与别的猴争斗，避开纷争。该猴与瘤子雌猴是母子关系。当瘤子与别的猴发生争斗时，它就跟随在瘤子身后，一同向对方吹胡子瞪眼，助瘤子与别的猴争斗。2014 年 10月，瘤子雌猴死亡。

2004 年 4 月，生活在云蒙主岛的猴王灵灵，垂垂老矣，身形瘦弱，毛发蓬乱失去光泽，它站在喂养点上，背都弓起来了，走路似乎也很吃力，跌跌撞撞的。那条瘦长的尾巴时而向上翘起，时而耷拉下来，像是不经意地在活动身体。灵灵在喂养点上走动时，两只身体强壮的雄猴，惊恐地望着灵灵的一举一动，从湖岸边撤离到树林里，老年猴王的威慑力，还是显而易见的。这是我最后一次见到灵灵。1985 年 10 月，灵灵放养时年龄是 7 岁，在猴岛生活了近 20 年，实际死亡年龄在 27 岁左右。

第十二章　猕猴的语言与社交行为

猕猴的语言

猕猴在群体生活中，即使猕猴个体来自不同地区，又分别进行过单个饲养，相互间不进行接触，但只要一见面，通过行为、姿势交流，他们就能确定各自的等级地位。从 1985 年起，我在千岛湖观察猕猴和短尾猴的行为时，发现猕猴较短尾猴而言语言要更丰富，现将观察结果披露如下：

猕猴主要通过眼睛、身体动作和叫声来传递信息。眼睛、身体动作表达的语言我称之为"行为姿势语"；叫声我称之为"信号语"；这两种常用语互为联系，常常混合使用，我姑且称之为"混合语"三类。

行为姿势语

猕猴有各种各样的眼神。

瞪眼：表示不友好，是挑衅信号，或向对方提出警告。

掀眼帘，目露鄙夷神色，尖嘴鼓腮：表示对方是不受欢迎者，也是可欺辱的。

四处张望，心神不定：表示它警惕此处有潜伏的危险。

目光温和，两眼不停地看着对方：表示友好，希望亲近对方。这一般是对对方怀有戒心，或地位较低的猴子结交地位高的猴子时谨慎的交友方式。

向对方寻衅示威，又不时回头看它的支持者：表示对方的等级地位（或武力）比它高，它不敢轻举妄动。

忽然向对方发起挑衅，眼睛不时向第三者张望，并很注意第三者的举动，心神不定的样子：表明它的处境有危险。

怒目瞪视对方，不时回头看它的同伴，并效仿同伴寻衅示威的行为：表示它与同伴是相互帮助的朋友，被效仿者的等级地位要高于它。

向对方嬉齿，呈笑脸状：是表示屈服于对方，甘拜下风。这也是向地位高的猴子表示恭敬的行为。

嬉齿，嘴唇大张成笑脸状，脸部肌肉扭曲抖动：表示它有恐惧感，正遭受强者的威胁。

扬眉、扇耳：表示它已恼怒，也是向对方发出的警告。

毛发耸立，四肢贴地，呈欲扑状：表示它十分恼怒，而面对的是强敌。

踢脚蹬腿状：一般是猴王的警告用语，表示不满。

雄猴尾巴翘起来：表明它有性需求。

毛发耸立，踢脚蹬腿，在猴群里狂奔乱窜，把猴群驱散：表示它是猴王。也是猴王炫耀武力和威慑力的一种手段，以此观察它在猴群中的威望等（因为逃散的猴子会做出各种反应）。

信号语

猕猴争强好斗，喧哗好闹，这是其他猴类无法比拟的。信号语的声音轻重、节奏缓急、尾音的不同，所表达的内容各不相同。

通信联络信号语　如"eng——"声音悠扬尖亮，是离散的猴子向猴群发出的联络语；

"ang"声音高亢、短促，则是回答信号，表示猴群的位置；

"neng eng"声音尖亮、连贯带有转折感，彼此相呼应，则是猴群相约要离开此地，或在行进中相互招呼，避免掉队；

"nen"声音很短促，像鼻音，是猴群活动中，相互联络语，也表示此处安全；

"qi"如同打喷嚏，声音高亢、短促，是告诉猴群有紧急情况，要猴群紧急疏散；

"tng—"声音尖细，有起伏感，是小猴招呼雌猴的信号；

"neng""ne"不连贯，声音高亢、粗犷，发音时颈部机械地扭动，这是告诉猴群注意，有外来情况；

"ang en—"表示它的要求没有达到，或希望与它在一起。

防卫恐吓信号语　当人们听到猕猴"ji……"这类的叫声，则表明这只猴子有恐惧感，或正遭受强者的威胁和挑衅；而类似"ne"的叫声，则表明它是强者，或占有主动地位，是向对方表示自信的语气。通常雄猴少言寡语，尤其忌讳"ji……"这类的叫声，而"ne"的叫声，具有阳刚之气，能博得猴群的信任、好感而为雄猴经常使用。防卫恐吓信号语的声音变换，它所表达的内容就各不相同。

如"ji……"声音急促尖利，是猴遭受惊吓，向猴群或保护者发出的危急信号；

"jilili……"声音前急后缓，表示它遭受强者的无理威胁或进攻，是无法抗拒的，有屈服的意思；

"jiai"声音高亢、粗犷，声嘶力竭，则表示它不屈服强者的无理威胁和进攻，要唤起公众的注意，以得到公正的裁决；

"ji—ne……"则表示它的防卫行为已得到公众的响应和强有力的支持，已由被动转为主动；

"ne 哎 ne……"像喉咙里发出的声音，有起伏感，表示它支持同伴的武力进攻。如果猴群彼此呼应，群起呼叫，则被攻者不是本猴群成员，是猴群要打击的对象。

混合语

当一只雄猴摇头晃脑，踢脚蹬腿，不时发出"ne"的叫声，威严地审视一只雌猴时，它实际是在试探或告诉对方：我是统治者。如果被试探的雌猴神态安静，目光回避性地下视，或借机向其他猴子发出恐吓，以博得这只雄猴的支持，则表示愿意服从它的统治，这只雌猴已经把它看作自己的保护者；而目光闪烁不定，两眼不时回头张望，或"ji ai"地尖叫起来，则表示支持的不是它，而是目光示意方向的猴子。

一只雄猴以同样的行为威严地审视另一只雄猴时，则表明它已经以猴王自居，它已经赢得猴群中众多的支持者。

怒目瞪视对方，不时回头看第三者，前呼"ji ai—"的尖叫声，后呼"neg—"表示对方是它的憎恨者，它要报复对方，而第三者是它的保护者，希望得到第三者的支持。对方的地位（或武力）高于它自己，而第三者的地位要高于对方。

掀眼帘，目光搜索状，朝树丛里吹胡子瞪眼，往来奔跑，前呼"ne ai ne"后呼"neg—"彼此呼应，不时簇拥到猴王跟前，一副愤愤不平的模样，则表示恭维猴王打了胜仗，对手是猴王的敌人，也是猴群的公敌。朝树丛里吹胡子瞪眼有时则是示意对手是从这里逃掉的。

理毛是猕猴的生理需要，也是猴社会重要的交际手段。相互理毛则表示关系融洽；一方给另一方理毛，另一方迫不及待回报对方，则表示对方的等级地位要比它高；被理毛者机械性地摇头发出叹气一般的叫声，则表示它有不平之事；而理毛者一边给它理毛，一边不时地扭头，扭头时呼"ne"回头时呼"neg—"，则表示它在抚慰被理毛者，让它消气止怒。

猕猴的言语极其丰富，是文字难以描述的。除以上语言外，也能从猴群的行为和规律中得到类似的信息，如双方相遇，侧头注视或主动避让对方，则表明对方的等级地位要比它高；单独行动，或雄猴与雄猴在一起时常走在队伍前面，或最早来到喂养点上进餐的雄猴，不会是猴王等。

示意语

当猴子之间传来打斗喧哗的声音，在附近栖息或远处玩耍的猴子，听到吵闹的声音后，会如同受惊吓似的，"嘎嘎"地啼叫起来，是表示参与打斗的是它的亲属或亲密的同伴，它要前去支持或帮助攻击对手。

猕 猴 的 社 交 行 为

　　猕猴的群居生活，在不同的场合，它们会根据对方不同的身份地位、亲疏关系，采取不同的行为方式，表示友善、礼节或憎恨，并形成具有规范性、约束性的行为准则。自 1985 年开始，我在浙江千岛湖云蒙列岛猕猴自然保护区对猕猴的社交行为及其意义等进行了二十余年的观察和探索，现将其介绍给读者，以期让人们对猕猴有更多的了解。

理毛

我们在动物园观看猕猴时，最常见到的是它们坐在一起相互理毛的场景。理毛是它们表示友善的一种社交行为，也是最常见的休闲活动。这不仅可以满足猕猴生理上的需要，也是情感交流、心理抚慰的需要。通过理毛，可以在彼此之间建立和谐友好的关系，增强凝聚力。根据不同的情感需要，理毛可以分为友情型、抚慰型、情感型、需求型和母爱型。

友情型也称互助型　即一方的付出会获取对方同样的回报。这是建立在和谐友好关系基础之上的社交行为。不同身份地位的猕猴相互理毛，可以消除地位低者的紧张情绪。理毛过程中，对外界纷争及其他不友好者，理毛双方有一致表现，它们同仇敌忾、亦步亦趋模仿同伴的行为，甚至一同攻击对方。经常主动交换理毛的猕猴，社交面广，与其他个体发生冲突时，容易获得同伴的帮助，取得强势地位。我在观察中注意到，等级地位较高的雌猴，理毛的频率高于地位较低者，孤独的猕猴理毛频率最低。

抚慰型　当一方的行为让另一只猕猴表现出愤怒情绪时，第三方及时给被触怒者理毛，并通过简短的交流，可以使被触怒者的情绪很快平息下来。第三方在抚慰触怒者的同时，也表明了忠诚于对方的意愿，是从属关系的社交行为。被触怒者通常具有较高地位，抚慰者要寻求对方的庇护。

情感型　交配后，雌猴会细致地给雄猴理毛，用柔情吸引对方以建立长久的配偶关系。

需求型　通过行为暗示，如躺在对方跟前，或敷衍地给对方理毛，以求很快得到对方的回报。这是地位高的猕猴享有的特

权，比较常见的是雄猴向亲近的配偶索要服务，这也是雄猴钟情
于配偶的表示。未成年的小猴向雌猴索求理毛时，一般也采用需
求型，此行为表明二者之间较亲密或具有亲情身份。

母爱型 3 岁前的幼猴主要依赖雌猴理毛，通过肢体接触维
系母子之间的亲情。

"敬语" 与礼节

"敬语" 是普通猕猴向猴群中威望较高或年长者表示恭敬、
服从的社交行为，具有笼络或缓和上下级关系、维持猴群正常秩
序等作用。

猕猴之间所谓的敬语，表现出的是肢体语言和叫声，例如嬉
齿、侧身匍匐、改变坐姿、献媚等行为。

嬉齿，呈笑脸状，是猕猴接触猴群中具有很高威望者，向它
表示的 "敬语"。猕猴的 "敬语" 不是以武力压服对方就能得到
的，而是对方认可它在猴群中的能力和作用，甘愿臣服于它。

嬉齿，嘴唇大张，露出门齿和臼齿，脸部肌肉扭曲抖动，表
示猕猴有恐惧感，是向最高权威者表示的最高礼节，通常对方是
具有很高威望和威慑力的猕猴（如猴王），并对其具有不友好的
行为表示，是猕猴受到最高权威者威胁时表示的敬语，希望可以
免受惩罚。

猕猴如果摆出侧身匍匐状，头往后看来者，同时嬉齿，翘起
尾巴露出臀部，是希望与来者有肢体接触、得到抚摸或交配等，
来者则具有较高的等级地位。

两只猕猴坐着相互对视，一方嬉齿，脸部肌肉抖动，发出

"哩哩"的啼声，同时身体往后挪动闪躲，这是幼猴的行为引起雌猴或长者的不满后，幼猴向雌猴或晚辈向长辈表示的敬语。坐姿敬语类似人类的道歉语。

雄性猕猴的行为对猴群的安全构成威胁侵害，猴王从行为中表示出非常敌视的情绪，当这样的雄性猕猴遭到猴群的攻击而逃离后，一些猕猴掀起眼帘，目光呈搜索状，朝树丛里吹胡子瞪眼，并往来奔跑，不时簇拥到猴王跟前，前呼"嘿"后呼"哼"，一副愤愤不平的样子，这是猴群打败对手后在向猴王邀功，显示它们英勇效力、忠于猴王，也是向在打击敌人过程中表现最勇敢者表示恭维和献媚。

在各种场合中，地位低的猕猴都要向地位高的猕猴表示礼让和服从，若无视高等级者的欲望和意志，就要受到严厉的惩罚。

猕猴中的不礼貌行为包括：在地位高的猕猴面前抢吃食物；地位高的猕猴过来时，没有用"敬语"或没有闪躲一旁；地位高的猕猴或猴王表示出欲接近的意图后，地位低的猕猴因害怕而迅速逃跑，也违背了猴王或地位高的猕猴的意愿；奔跑跳跃，将群猴驱散，是年轻猴王较常见的示威行为，这是在考察群猴对它的忠诚度，若逃散的猴子回头怒视，并发出"嘿"的啼声，就是不满猴王的霸道，也是违背了猴王意志的表现。

不友善、忌恨与冲突

猕猴之间的不友善行为会使彼此间产生愤怒、怨恨等情绪，甚至引发冲突。

瞪眼，表示挑衅和威慑对方。跺脚、扇耳、怒目相视，表示已被对方的行为触怒，并向对方提出警告，是地位高的猴子要求对方纠正错误的命令性行为。然而，超出自身权威与能力的发号施令就属于挑衅，会招来对方的反抗和忌恨。

掀眼帘，目光散漫向上仰视，不停地嚅动翘起嘴唇成 "O" 形，变换神情，两眼又怒视对方。猕猴的这一行为，虽然不会引起双方武力冲突，但是明显具有敌视性，类似于向对方表示鄙视，不愿与对方交往等。

发现对方的微小过错，就 "吱……唉唉……" 啼叫不停，则是在呼朋唤友，欲武力攻击对方，以取得强势地位，有 "得理不让人" 之嫌。当一只猕猴吹胡子瞪眼、踢腿跺脚时，其同伴亦步亦趋，模仿它的一举一动，这表示它们的行动是一致的，它们是在共同警告另一方。若一只猕猴怒气冲冲、大吼大叫着要攻击来者，又不时回头看第三者时，则表示它与来者有积怨，打算求助于第三者。这是挟怨报复之意。

猕猴之间的打斗遵循以牙还牙、"朋友" 互助的规矩，是势力和威望的角逐。在不同的场合，如 "朋友" 在身边时，强者和弱者之间的等级地位就会发生变化，因而引发报复和反报复的行为。因此，个体之间的争斗很容易引发群体之间的打斗，当更多的猴子加入两派的打斗时，高威望者就会介入，进行仲裁或打压，维持猴群的正常秩序。在云蒙主岛上一次几乎所有成员都卷入的冲突中，141 号猴王采取了具有威慑力的奔跑、跳跃等示威行为，将冲突双方分开，并驱逐、惩罚双方为首者，以平息事端，显示出猴王裁决的公正。

猕猴的咧嘴嬉齿，是猕猴一种比较常见的交际语言，根据它嘴唇部位及脸部表情不同，它所反映的心理及表示的用意不同。

譬如一只猴子遇见对方时，只裸露出门齿或微露齿，与人的微笑相似，脸部表情很平和，它是在向对方表示恭敬、友好和示弱，是向等级高的猴子表示的一种礼节；而张大嘴唇，露出门齿和臼齿，牙齿上下张开，脸部呈皱纹状，且肌肉有抖动感，则表示它畏惧、自甘示弱、甘愿臣服等，当猴子做出这样一种行为，即表示它不会反抗对方的行为，也不会回避对方。在自然环境里，猴子之间的接触，示弱的猴子，通常会更夸张地露出脸庞，与人大笑状相似，发出"叽哩哩"的声音，蹲式进行闪躲，以获取对方的原谅、不予处罚等。这种语言，是正面回应对方，不逃避对方。而站立式，身体转向一侧，与来者基本呈45度角，回转头部，两眼一直注视来者，当对方接近时，嬉齿，尾巴翘起来露出臀部，也是向对方表示恭敬、友好和示弱等，区别在于这种行为是带有试探性质的，当对方露出不友好的神情时，该猴就会立即避开对方，不与对方接触。

第十三章　短尾猴

黑大个

　　1988年5月，首批短尾猴1雄9雌与20只猕猴一同来到千岛湖。王教授坚持将这批猴子放在千岛湖检疫。由于缺乏必要的基础设施，我颇费了一番心思，最后，因陋就简，我将10只短尾猴与20只猕猴，运送到一个荒岛——五龙岛上，该岛如今是千岛湖一个很著名的景点，现更名为月光岛。

　　我将猴子拴养在树上，由县防疫站同志进行检疫。短尾猴体型非常强壮，编号1的雄猴，我称之为黑大个，它力大无比，将铁链子拧断，成了自由之身。黑大个获得自由后，它也不到处跑，除了到湖边饮水，它就守候在被羁押的雌猴身边，或与钟爱的雌猴依偎在一起。我每天去喂养和清理卫生，黑大个就紧跟在我的身边，监视我的一举一动，保护羁押中的雌猴。失去自由的雌猴，变得胆小又敏感，每当我走到它们跟前工作时，雌猴们就会在原地乱窜，发出惊叫声。这时候，黑大个便毛发耸立，发出"嘿嘿"的叫声，并非常凶猛地朝我身上扑来，伸出爪子抓扯我身上的衣裤，试图阻止我的工作。更令人害怕的是：黑大个爬到拴养猴子的树干上，伸出毛茸茸的手掌猛力地拍我脑袋，揪我头发……黑大个龇着利牙的尖嘴，发出令人胆颤心惊的嘶叫声。黑大个不允许我去惊扰雌猴，这场景令我非常害怕。

黑大个的行为令我恐惧。为此，我向陈场长汇报此事，他同意我雇用一名临时工，结伴一道上岛喂猴，一同做好检疫工作。第二天，当黑大个威猛地站在路口，虎视眈眈地盯着我们时，新来的临时工打了退堂鼓。

我的工作还得继续，我尽量做到动作轻柔、小心谨慎。我慢慢摸透了忠于职守的黑大个的脾气。在 9 只雌猴当中，黑大个对其中 7 只雌猴保护有加，扁鼻是 7 只雌猴当中最受宠的猴子，黑大个经常与它依偎在一起。扁鼻仗着黑大个的宠爱和保护，它很矫情，我只要靠近它，扁鼻就发出惊叫声，这让我没少吃黑大个的亏。黑大个唯独对编号 3 与编号 8 的雌猴不理不睬，我接近这两只雌猴时，黑大个不会跟踪来保护，颇显冷淡。

1988 年 7 月检疫结束后，我们要将黑大个与 9 只雌猴送往猴岛放养。因为黑大个是自由之身，如何将黑大个引上船来，与放养的雌猴一同送往目的地，这是我最担心的事情。没有想到的是，当我们将雌猴装进铁笼里，搬运上船时，黑大个就自个儿跑上船来，它安静地坐进船舱里，守卫在关押雌猴的铁笼子边，它对妻妾的那份忠诚，令人惊讶！

10 只短尾猴原来被放养在云蒙列岛的西岛，因为猕猴群优先占领了领地。1989 年 3 月 11 日，在西岛生活了 8 个多月后，黑大个与 7 只雌猴离开了西岛，集体游到航标岛上，并在该岛上定居下来。编号 3 与编号 8 的雌猴被黑大个遗弃，留在原地。这便是航标岛短尾猴群的由来。

公　主

　　短尾猴编号为 8 的雌猴，我称它为公主。我虽然给公主取了一个好听的名字，但它的遭遇却很不好。不知什么原因，公主被黑大个抛弃，不能融入短尾猴群体里。当公主试图接近它们，或跟随它们一起走动时，黑大个就吹胡子瞪眼、跺脚，一副很凶悍的样子把公主逐跑。公主只能单独生活，独自行动。

　　在我眼里，公主是一只非常可爱的猴子，友善而温和，它像姗姗一样与人亲近。每当我驾船来到喂养点时，它就站在泊船处，像是在迎接我的到来。它神情很阴郁地凝视着我，很沉默。有时，我走到它的跟前，手里拿着食物要递给它时，它却或是对我手中的食物看都不看一眼，或是慢悠悠地从我手中接过食物，将食物丢在地上，它还是沉默地看着我，它目光中充满孤独和忧伤。每次与它见面，我心里总是沉甸甸的。

　　当黑大个带领妻妾离开西岛、游到航标岛定居下来时，公主在猕猴占领的领地上，留了下来。

　　我将公主诱上船来，把它送到航标岛，让它与黑大个统领的群体团聚。黑大个却站在裸露的山坡上，向乘船而来的公主吹胡子瞪眼、跺脚，极不友善。公主爬上岛之后，十分惶恐地绕开黑大个，逃进了树林里。

公主不能与黑大个一起生活，它仍然在泊船处迎接我的到来，站在原地静静地凝视我。猴群没有来到喂养点上，我就走进林里，寻觅它们的行踪，公主悄无声息地跟踪我。有时，我蓦然发现它就在身边时，一样孤寂的我莫名地有一种冲动，我想抱抱它。公主却始终与我保持距离，站在我身边静静地看着我，久久地凝视着，阴郁的眼神里，似乎要向我倾诉什么。分别的时候，公主将我送到泊船处，我走上小船，它站在湖岸上，目送着我驾船远离而去。

对于公主，我总是心怀愧疚。森林是它快乐的家园，它应与别的雌猴一样，获得甜蜜的爱情与温馨的家庭。

1989 年 9 月 15 日，在湖里捕鱼的两位渔民将一只猴子送到林场来。据其中姓汪的渔民描述：两天前，俩人划一条小船去捕鱼，在姚家坞口，他们发现水面上有一只动物在游动，起初还以为是野猪在游水。当它们驾小船划过去的时候，在水中游动的动物已经没有力气了，它主动爬上船来，原来是一只猴子。于是，他们就将游水的猴子送来了。

公主的出走，我不意外，这很吻合它的处境。短尾猴体型大，游泳技能远在猕猴之下。但据渔民描述的地点，姚家坞口距离航标岛有 2000 米以上的水面，公主横渡 2000 多米，却出乎我的想象。

我将公主带到驻地饲养了一段时间，又将它带到西岛，与壮壮统领的短尾猴群在一起。我与它乱点鸳鸯，但公主并不领情，它赖在船上，向我嬉齿，十分可怜的样子。它不情愿地跑下船后，带着一腔怨恨第一次向我大吼大叫起来……

航 标 岛 的 短 尾 猴

航标岛毗邻西岛，相距水面 200 多米，由两个弯月一般的小岛组成，山地面积约 0.02 平方公里。从西岛游渡过来的黑大个和 7 只雌性短尾猴占领这片领地的时候，还生育了 3 只小猴。该岛上还幸存 4 只雌性猕猴，它们都先后离去。由于岛屿面积小，短尾猴几无藏匿之处。一些游船船主为了满足游客的观赏需要，他们将游船停泊在该处。由于短尾猴能从游客手中得到食物，久而久之，这里自发形成了一个游览区。1992 年 4 月，林场派出管理人员白天值守在该岛上。

因科研需要，该岛不对外开放，所以我们开始试图劝阻游船，而猴子看到游客到来就凑上前去，游客对自然环境中的猴子，又抱有极大的兴趣，在管理难度日益加重的情况下，第二年，林场将西岛开辟为猴岛景点，也就是千岛湖猴岛。

我每天在别处喂完猴子后，就来到航标岛上值守，航标岛上的短尾猴的数量已经增加到了 15 只（原先放养在西岛的一只雄性短尾猴游水到了航标岛上）。这期间，我有充裕的时间与生活在该岛的短尾猴接触。短尾猴经常出现在岛屿的西半岛。成年的短尾猴吃饱以后，就不爱走动。它们还有午睡的生活习性，每天上午 10 点到下午 3 点，黑大个与 7 只雌猴就栖息在树上，相互间还紧挨在一起。而年幼的小猴，正是喜欢玩耍的年龄，它们在成年猴跟前嬉戏打闹。为打发无聊的时光，我经常静坐在短尾猴栖息的那片树林里看小猴玩耍，看它们与猴父母相融交欢的情景。它们对我的到来也习以为常，我们能够和谐相处。在炎热的夏日里，我经常在湖岸边，找一处阴凉的地方躺下。年幼的短尾猴非常好奇，就慢慢地朝我身边靠拢来，黑大个与雌猴们不会让小猴离开视线，它们对小猴的安全高度十分关注。当小猴来到我的身边时，它们也跟随前来，栖息在湖岸边的树上，静静地看着小猴玩耍。短尾猴易亲近人，尤其是小猴，它们很亲近人类，小猴还会爬到人的身上，从人的手中抢吃食物。但人最好不要与小猴近距离接触，它们一旦受到惊吓，往往会采取进攻性防御，武力击退对方后再撤离，其威猛的气势让人心惊胆战。

当我躺在地上，身体一动不动，佯装睡着时，顽皮的小猴子对我身上的衣物表现出浓厚的兴趣。它们小心翼翼地前来，轻轻地翻弄我的衣服，掏摸我的口袋，摆弄衣服上的纽扣。最不能让我接受的是：顽皮的小猴脱下我脚上的鞋子，放在嘴里啃咬，还当作玩具一般，相互传递玩耍……这种零距离的接触，让我感到紧张。我不能让小猴受到惊吓，否则，监护小猴安全的黑大个和猴妈妈会迅速地冲过来，并向我发起攻击，它们对小猴的安全非常上心。

我起来的动作，必须轻柔，我手指轻微动弹一下，机警的小猴就从我身边躲闪开来，然后，我慢慢起身，让小猴从容退走。此后，我在小憩时，手里就握一块小石子，当小猴前来时，我就伸开手掌，它们见我手中有"武器"，就会自动退去。

云 蒙 列 岛 的 短 尾 猴

　　如果将猕猴群体和短尾猴群体的行为比作两幅风景画，大自然的手笔刻画的是一幅艳丽的画，它泼洒了太多的浮躁的颜料，让人眼花缭乱；而另一幅则是古拙厚重、内涵深邃的画，透着淡雅的美感，让人难忘。短尾猴性情憨厚、隐忍，喜怒中透着沧桑感。那种极其祥和、温馨的气息，透着浓浓的亲情。

　　短尾猴喜群居生活，富有温馨的家庭氛围。短尾猴实行一夫多妻制，一只雄猴霸占几只乃至十几只雌猴为配偶。猴王与配偶及子女是家庭的主要成员。

　　它们与人类的家庭规则极其相似，雄性配偶是一家之长，为夫为父，保护配偶和子女不受外来者的攻击，并与配偶之间处于较为平等的地位，很少出现驱逐撕咬配偶或个体之间发生激烈争斗的现象，夫妻和睦、长幼有序。猴王最宠爱的雌猴，地位要高于其他雌猴，我称之为皇后。猴王与皇后如同恩爱夫妻，几乎形影不离，相互身体接触、亲吻、拥抱等。猴王大多处于被动跟随地位，皇后有时表现出厌倦行为，猴王跟随而来，它就离开此处，这时候，猴王就会迁怒其他配偶。猴王向配偶要求性行为时，会嬉齿咂嘴，对方若用同样方式进行回应，则表示接受性行为；没有回应则表示拒绝。猴王也会表现类似的情形，毛发耸立地向其他配偶瞪眼，并发出吼叫，但它很少向皇后及要求交配者动怒。当其他配偶生下幼崽后，猴王才会离开皇后，与生育幼崽的配偶在一起，守在它的身边，充当父亲的角色。猴王经常像雌猴一样，将幼崽搂在怀里，吊在腹部行动。猴王抚摸、亲吻幼崽时，嬉齿咂嘴，目光温和，神情投入如同慈父一般。当猴群遇有外来威胁时，猴王就会立即从雌猴身上抢过幼崽，进行保护。如果遭到雌猴的拒绝，猴王就会发怒与雌猴争抢，双方拉锯式抢夺幼崽时，幼崽往往会夭折。而夭折的幼崽，雌猴还将它抱在怀里，或拿在爪上，我观察到雌猴将尸骸拿在爪上最长的有 51 天。

短尾猴有明显的"代沟"现象，成年猴喜欢安静，活动量减少。而小猴则活泼好动，它们常常离开雌猴与同龄猴在一起玩耍。哥哥姐姐有关照和保护小猴的义务，它们在玩耍的时候，如果小猴受到欺侮或惊吓时，便会发出啼声，那么哥哥姐姐就难辞其咎，闻讯而来的猴王就会惩罚它们。因此，年幼的小猴地位要高于哥哥姐姐。

雌猴之间的等级地位比较稳定，也具有权威性。双方发生冲突时，地位较低的一方会立即作出让步，选择逃避。雌猴有管教自己子女的职责和义务，雌猴会向违规的小猴吼叫，或追逐予以处罚，旁观者一般是不会干涉的，包括猴王。而小猴对雌猴的处罚不服，或有对抗行为时，包括猴王在内的其他雌猴，会为其打抱不平，怒视小猴，向小猴吼叫，或共同驱逐小猴，为雌猴撑腰，维护雌猴的权威性。当违规的小猴受到雌猴驱逐时，小猴就跑到猴王的身边，向猴王嬉齿求救，猴王如果用温和的目光注视着小猴，或触摸亲吻一下小猴，就表明猴王已经原谅它，雌猴就会减免对小猴的处罚。在平常的游玩中，小猴还会经常爬到猴王身上，骑在猴王背上，让猴王搂抱、亲吻，感受父爱。

猴王与其他成年雄猴也能和睦相处，有时面对面坐着，长时间相互呷嘴，进行交流或示以友好。但这些成年雄猴类似"客居"，不会与猴王的配偶发生性行为，否则猴王就会通过武力将其驱逐。当猴群遇有外来威胁时，它们如同旁观者，不承担保护猴群的义务和充当父亲的角色，与猴群若即若离，经常离群独居，有时发出"啊啊"凄厉的长叫声，表示求偶。不被猴王列为配偶的雌猴，会被家庭成员排斥，被迫离开这片领地，重新去寻找配偶。

子女成年以后，猴王和配偶就会冷落它们。猴王不会与成年的子女发生性行为，也不会向子女示以性爱抚行为、触摸臀部、涎脸嬉齿等。兄弟姐妹之间有性行为的情况极少见，成年雄猴会拒绝姐妹这种要求。成年雌猴会将年幼的弟弟拖到背上，如同游戏一般。成年雄猴有"手淫"行为，与猴王的配偶会发生性行为。因此，雄猴到 6 岁左右时，猴王就会通过武力将它们赶出猴群，让它们外出闯荡寻找配偶，或离群独居。大概受千岛湖特殊地理环境的限制，外出寻找配偶困难，身体强壮的雄猴又会重新回到猴群里来，与身为父亲的猴王争夺交配权，甚至偷偷与雌猴发生性行为。这种违背伦理的性行为，在短尾猴社会也属严重的违规行为，见此情形，年幼的小猴也会向猴群通风报信，整个猴群都会发生骚乱。它们从四面包围过去，群情激愤，它们向违规的雄猴大声吼叫，猴王则与雄猴进行打斗。雄猴虽可以将猴王打败，但不能在公众场合占有雌猴，或长期霸占猴王的配偶。猴王对乱伦的雌猴非常宽容，不会影响它们夫妻之间的融合，父子之间则会产生深深的仇恨。短尾猴缺乏群体协同性作战能力，单打独斗让年轻强壮的雄猴占尽优势，它们有恃无恐，会间接地采取报复行为，武力进攻与猴王亲近交配的雌猴，或猴王最宠爱的雌猴，猴王出面保护，就与猴王打斗。1993年，在现对外开放的千岛湖猴岛，短尾猴群体里曾出现极其残忍的一幕：一只被称为大偷的雄猴，将猴王珍爱的幼崽咬死，在猴群声嘶力竭的嘶吼声中，它将幼崽叼在嘴上大摇大摆地走动，幼崽成为父子争斗的牺牲品。大偷的凶残未能使自己取代猴王的地位，一年多以后，大偷和小偷两只雄猴都突然失踪了。

形成鲜明对比和强烈反差的是，1992年，航标岛短尾猴数量有28只，由于多种原因，短尾猴数量锐减，到1998年只剩6只，猴王与一只雌猴暴毙，留下年仅4个月的幼崽和2岁多的小猴，它们就由离群独居的年轻哥哥抚养，哥哥像猴妈妈一样，一刻不离地将幼崽抱在怀里、吊在腹部，直至小猴能独立活动，还在担当监护之责。

每次，我到岛上给它们喂食的时候，哥哥都会抱着小猴从树林里缓慢地走出来，站立在喂养点一旁。眼神阴郁、双目无神地朝我看看，再低头看看小猴。它的眼神像极了公主无助时，凝视我的眼神。年幼的小猴在哥哥的悉心照料下，健康的成长起来，这在我看来就是个奇迹。

短尾猴外憨内秀，有极高的情商和智商。现对外开放的千岛湖猴岛，短尾猴与猕猴混居，短尾猴属优势群体（现单独放养猕猴），它们在向游客索要食物的过程中，短尾猴中年轻的雄猴，能很快学会拧瓶盖和打开易拉罐，学会喝饮料。相比较而言，猕猴就显得很笨拙。短尾猴很善于观察人的面部表情，会选择接近充满善意的人。短尾猴好奇，喜欢触摸色彩鲜艳的衣料。年轻的雌猴捡到镜片或有颜色的玻璃会在眼前照，它们会观察不同的景色。

　　短尾猴具有很强的"家庭"意识。1993 年，我们试图将航标岛的短尾猴抓捕到对外开放的千岛湖猴岛，将两群猴合二为一，两岛水面相距近 200 米。3 月的一天，我们抓捕 9 只短尾猴，放养到千岛湖猴岛。放养后，雌猴们陆续游回到原地——航标岛上，唯独猴王二次泅渡无功而返，它天天徘徊在泊船的码头上，向对岸的猴群啼叫不停，其声凄厉，嗓子也哑了，给它食物也视若无睹。几天后，猴王消瘦了，它对故土的一片痴情，让我心生感动，我再也看不下去，试图用船将它送回原地。我手里拿着食物想要诱它上船，猴王未能领会我的用意，未获成功。我又心生一计，在猴王的目光注视之下，我驾船到航标岛上，又折返回来。猴王毫不迟疑地就跃上船来。雌猴前来迎接，猴王与雌猴团聚时，表现得很欢喜，它们不停地嬉齿咂嘴，发出欢快的啼声。

　　我驾船示意后，猴王领会了我的意图，说明人类能够与短尾猴进行一些沟通，短尾猴也能领会人的一些意图。

　　1994 年春节期间，我到中科院上海生理研究所猴房担任临时饲养员，当时，关在小笼内的 7 只短尾猴感染了菌痢，需要进行药物注射。开始，采用网兜罩捕进行注射，这样做既费事又伤害猴子，后来，我尝试直接对它们进行注射，但需要猴子的配合，我的方法是：先用注射器在猴子跟前进行试探，猴子一有闪躲行为，我就用网兜示意抓捕和表现恼怒，向它吆喝瞪眼，而后又和颜悦色，向它咂嘴得到猴子响应之后，又进行试探，最终，有 6 只短尾猴先后接受了我直接注射。

　　短尾猴主要通过形体语言和"猴语"进行交流，如瞪眼、跺脚是向对方提出警告；面对面坐着，相互注视咂嘴，类似人类的客气语，是主客之间用语，表示亲近友好；向对方咧嘴，露出两三个门牙，做出侧身欲逃状，是晚辈向长辈的敬畏，并警惕对方的惩罚；嘴巴张开、扬眉、目光散射，脸部呈笑脸状，这是配偶向猴王的敬畏语；嬉齿，裸露门齿前臼齿，涎脸，目光色迷迷，则表示有性需求……"喝"是威胁、恐吓对方；"吱吱"表示受到了惊吓，恐惧的意味；"哩哩……"表示受到长辈的惩罚、屈服于它；等等。

短尾猴的"婚姻"习俗

一、短尾猴群是以家庭为单位，实行一夫多妻制，猴"夫妻"关系很明晰也很稳定。外来的雄猴不能与猴王的妻妾交配，但可以带走成年的子女，另觅领地，成立新的家庭。

二、短尾猴群中，小猴的"父母"血缘关系明晰、血缘清楚。小猴在成长过程中，接受父母的双重管教和爱护，拥有父爱和母爱，小猴认母也认父，类似于在双亲家庭中成长。

三、短尾猴可以子承父业。当猴王年老或死亡后，离开母群的成年雄猴就可以回到母群中子承父业，原猴王的妻妾就成为新猴王的妻妾，猴群是通过父系血统延续的。

千岛湖云蒙列岛放养的种猴

1985年10月10日，在云蒙主岛放养首批种猴，6只雄猴、35只雌猴，共41只猕猴。

1986年8月30日，第二批猕猴（2只雄猴，8只雌猴）来到千岛湖。同年11月10日，检疫后，龙山岛放养1雄4雌；西弯岛放养1雄5雌。

1987年9月20日，放养第三批猕猴1雄11雌。其中，两只雌猴补充放养西弯岛；1雄9雌放养西岛。

1988年5月21日，第四批猕猴2雄20雌，分别放养在航标岛、带鱼岛上；短尾猴1雄9雌放养在西岛。

1989年4月28日,12只短尾猴来到千岛湖，被放养在西岛。同年10月5日，10只福建产短尾猴、6只食蟹猴来到千岛湖，放养在西岛。

2000年4月20日，2只熊猴来到千岛湖猴岛。

猴岛大事记

1984 年年底，中国科学院上海生理研究所与浙江省淳安县千岛湖（排岭）林场签订合作协议，建立千岛湖猕猴自然繁衍基地，合作于 2000 年年底终止。

1987 年 11 月 7 日，猕猴通过科学技术鉴定。

1988 年 5 月 17 日，张香桐院士、杨雄里院士（原生理研究所所长）一行来千岛湖猴岛。

1992 年 3 月初，千岛湖猴岛（西岛）对外开放景点。

2005 年 8 月，成立景区公司，开放的猴岛划归景区公司。未开放的猴岛仍由千岛湖林场管理。

2015 年年初，开放的猴岛景点，搬迁至千岛湖东南湖区的桂花岛。

图书在版编目（CIP）数据

猕猴，我的伙伴们！/ 吴红旗 著 . —

北京：东方出版社，2020.5

ISBN 978 - 7 - 5207 - 1497 - 6

I.①猕… II.①吴… III.①猕猴 – 动物行为 – 社会行为学 – 研究

IV.① Q981.2

中国版本图书馆 CIP 数据核字（2020）第 046038 号

猕猴，我的伙伴们！

MIHOU, WODEHUOBANMEN!

作　　者：吴红旗

策划编辑：王新明

责任编辑：王新明

装帧设计：林芝玉

出　　版：东方出版社

发　　行：人民东方出版传媒有限公司

地　　址：北京市东城区东四十条 113 号

邮政编码：100007

印　　刷：北京盛通印刷股份有限公司

版　　次：2020 年 5 月第 1 版

印　　次：2020 年 5 月北京第 1 次印刷

开　　本：710 毫米 × 1000 毫米 1/16

印　　张：17.5

字　　数：196 千字

书　　号：ISBN 978–7–5207–1497–6

定　　价：80.00 元

发行电话：（010）85924663　85924644　85924641